EL SEGUNDO ERROR DE EINSTEIN

Movimiento a velocidad infinita

Eugeni Bantutov

ЕДБ

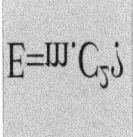

Copyright © 2022 Evgeni Bantutov

All rights reserved

The characters and events portrayed in this book are fictitious. Any similarity to real persons, living or dead, is coincidental and not intended by the author.

No part of this book may be reproduced, or stored in a retrieval system, or transmitted in any form or by any means, electronic, mechanical, photocopying, recording, or otherwise, without express written permission of the publisher.

Cover design by:ЕДБ

"La Teoría de la Relatividad es una verdad relativa".

EVGENI BANTUTOV

CONTENTS

Title Page

Copyright

Epigraph

1. Resumen   1

2. El movimiento con una velocidad infinitamente grande y la unidad de la realidad objetiva.   2

3. Movimiento con velocidad infinita. Velocidad de la luz.   6

4. Movimiento con velocidad infinita. Simultaneidad lógica   30

5. Movimiento con velocidad infinita. Simultaneidad y sujeto.   68

6. Movimiento con velocidad infinita. Parte y todo.   75

7. Movimiento con velocidad infinita. Pasado presente Futuro.   80

8. Movimiento con velocidad infinita. Simultaneidad objetiva.   98

9. Movimiento con velocidad infinita. Fenómeno y esencia.   102

10. Movimiento con velocidad infinita. Cuántico.   141

11. Movimiento con velocidad infinita y Albert Einstein   147

12. Movimiento con velocidad infinita y Poincaré   151

13. Movimiento con velocidad infinita y Newton.   155

14. Conclusión.   160

1. RESUMEN

La teoría especial de la relatividad afirma que la velocidad de la luz es la velocidad más rápida posible en la realidad. Esta es la velocidad máxima a la que se puede transferir energía e información. Para decirlo de manera breve y sencilla, de acuerdo con la Teoría de la Relatividad, el movimiento a una velocidad infinitamente alta no existe.

Este libro demuestra que si esto fuera cierto, el mundo que nos rodea no sería lo que es, los seres humanos pensantes veríamos otras cosas.

El libro está destinado a una amplia gama de lectores. No se necesita un conocimiento especial para comprender que existen problemas fundamentales en la física moderna que son el resultado de las ideas establecidas en los fundamentos de la Teoría de la Relatividad.

2. EL MOVIMIENTO CON UNA VELOCIDAD INFINITAMENTE GRANDE Y LA UNIDAD DE LA REALIDAD OBJETIVA.

El problema de la unidad de la realidad objetiva es uno de los más difíciles para el conocimiento humano .
Todas las ciencias privadas, incluida la física, se encuentran constantemente con nuevos y nuevos fenómenos, objetos, procesos, etc. Desde partículas elementales, hasta estrellas, galaxias, universos, y como dicen, no hay final a la vista. Definitivamente se puede decir que la diversidad es una de las mayores constantes de la realidad. Una de esas necesidades sin las cuales la realidad no podría existir en ningún otro estado, llamémosla uniformidad absoluta.
Esta gran variedad, cada vez mayor, plantea con gran agudeza otra cuestión no menos difícil para el conocimiento, a saber, la cuestión de la unidad de las cosas mutuamente diferentes, de la unidad de la realidad como un todo, y como un todo particular, que existen. sin límites en el tiempo, el espacio y en sus cambios internos.
En este caso, no aceptamos los puntos de vista en los que se habla de tales límites, y se admite la posibilidad de la existencia de más de un mundo, en el cual, estos mundos están absolutamente separados entre sí, en todos los aspectos, con diferente tiempo. y el espacio, con otras leyes, otra lógica y otras entidades incognoscibles.
Estoy convencido de que la unidad de las cosas que difieren entre sí es tan necesaria como la diferencia entre las cosas que están unidas. Estas son dos constantes interrelacionadas e indivisibles tanto de la esencia como de la existencia de la realidad objetiva. Transferidos al espacio de los movimientos relativos, aparecen al conocimiento humano como cosas enteras compuestas de partes, o como partes constituyentes de un todo.

Y nada más.

Que, en relación con el espacio, el tiempo y el movimiento, tanto las partes como el todo parezcan ser un orden infinito, no altera en modo alguno la proposición de que el mundo es eterno en el tiempo e infinito en el espacio, una unidad de cosas enteras que consiste por fuerza de ley, de cualquiera de las partes mutuamente distintas

El concepto filosófico de la unidad del mundo contiene una fuerte carga metodológica para el análisis científico de algunos problemas demasiado difíciles para la física moderna.

Tal es el caso, por ejemplo, de la idea de movimiento con una velocidad infinitamente grande, acción distante, interacción no local. Si aceptamos que el movimiento a una velocidad infinitamente alta no existe, debemos estar de acuerdo con la idea de que las limitaciones impuestas a la velocidad de la luz provocarán inevitablemente una especie de ruptura de la realidad de numerosos mundos no relacionados .

En otras palabras, cuando rechazamos la idea de movimiento a una velocidad infinitamente grande, entonces debe abandonarse la proposición de que el mundo es uno a pesar de su infinita variedad, y unificado en la medida en que es indiscutiblemente diverso.

La existencia del fenómeno, movimiento con velocidad infinita , puede ser el factor más profundo en la unidad del mundo . Algo así como un garante de la tesis de que lo que es aquí y ahora puede ser causa, de lo que es consecuencia, allí y ahora.

En otras palabras , **toda la realidad pasa por el presente simultáneamente.** Y esto sucede continuamente, siendo el presente demasiado como un punto en la llamada flecha del tiempo. De este modo, el tiempo se convierte en una serie interminable de estados por los que, por necesidad o por azar, pero siempre por la acción de alguna causa, pasa por el movimiento y desarrollo de la **ÚNICA ACTUALIDAD INFINITA** .

En cuanto a una de las mayores preguntas del conocimiento humano, qué estados exactos de realidad objetiva han ocurrido, están ocurriendo y ocurrirán, en un futuro cercano, distante e inconmensurable, esto solo puede decirse si se acepta la tesis de que a pesar de su diversidad infinita, el mundo es uno y unificado, lo que en nuestra hipótesis significa **único** .

De ello se deduce que para el conocimiento humano, tanto la diversidad de las cosas, presentada en una serie interminable de hechos, como su unidad, sujeta por leyes objetivas, con diversos grados de comunidad, a las constantes universales de la unidad universal del mundo material y espiritual , son igualmente importantes .

¿Y por qué el mundo está dispuesto de esta manera, y hay en él la mano de Dios, o huellas de las pezuñas del diablo? La humanidad casi nunca obtendrá una respuesta a esta pregunta.

Pero en esta etapa se puede argumentar que el mundo debe su esencia y existencia precisamente a la unidad de la diversidad, y la diversidad dentro de la unidad.

Fuera, independientemente y contrariamente a esta tesis, es difícil construir un modelo teórico de algún otro mundo.

Es necesario enfatizar una vez más que este modelo teórico tiene algún valor científico solo si se considera sobre la premisa de la llamada acción a distancia, movimiento con una velocidad infinitamente alta. De lo contrario, el modelo mismo se vuelve absurdo.

Mi opinión es que el análisis científico de estas y otras cuestiones similares, relativas a la naturaleza de la existencia de la realidad objetiva, no puede tener éxito si no se utilizan las posibilidades heurísticas de la categoría de "acción a distancia", movimiento con una velocidad infinitamente grande.

Pero, **no en el sentido del éter como portador, sino como una simultaneidad necesaria, de procesos** , independientemente de que se trate de un big bang o de un gran colapso, y de muchos fenómenos distintos situados de algún modo en el medio.

La simultaneidad de la existencia nos da razón suficiente para cuestionar aquellos puntos de vista que suponen que estas cuestiones difíciles y superdifíciles pueden considerarse por analogía con la mecánica de una explosión ordinaria.

Es más probable que tanto el big bang como el gran colapso

no tengan nada que ver con lo que observamos, por ejemplo, en la explosión de una bomba atómica, o la explosión de una supernova, y otros fenómenos similares.

Estos son fenómenos que proceden según las leyes de los movimientos sucesivos. Pero cuando se trata de la **ÚNICA ACTUALIDAD INFINITA** en su conjunto, sobre su tránsito de un estado a otro, es necesario también reconocer incondicionalmente y utilizar como referencia metodológica, el fenómeno del **movimiento con velocidad infinitamente alta** , cuyo otro nombre es la simultaneidad de ciertos procesos, por lo que este aquí y ahora puede ser la causa de ese allí y ahora, independientemente de las distancias que los separen.

La base física de tales relaciones de causa y efecto, donde la causa y el efecto aparecen simultáneamente, es un fenómeno que denoto con el concepto de **campo de esfuerzo** .

La esencia del **campo fenoménico del esfuerzo** se reduce a que este campo es portador de la unidad física, de la **ÚNICA ACTUALIDAD INFINITA**

El estudio de la relación entre el fenómeno del **campo de esfuerzo** y el fenómeno del **movimiento con velocidad infinitamente alta** es una tarea que la ciencia humana resolverá en el futuro. Este es un tema muy grande y muy importante que se analizará en otro artículo.

3. MOVIMIENTO CON VELOCIDAD INFINITA. VELOCIDAD DE LA LUZ.

El fenómeno **del movimiento con velocidad infinita**, el fenómeno de la **acción a distancia** y el fenómeno de **la interacción no local** son idénticos.

La acción a distancia estuvo presente en la ciencia hasta principios del siglo XX y tuvo un significado que tenía el rango de idea-paradigma rector.

Un ejemplo típico de esto es Ernst Mach. Una de las ideas principales en el trabajo de Mach es que la inercia y la inercia de cualquier cuerpo en particular depende y es el resultado de la masa de cuerpos cósmicos distantes. Esta idea se conoce en la ciencia moderna como el principio de Mach. El principio de Mach es un caso típico de " **acción a distancia** " (**movimiento a una velocidad infinitamente alta**).

Otro ejemplo es Newton, quien está convencido de que la interacción gravitacional entre cuerpos masivos en el universo se lleva a cabo a una **velocidad infinitamente alta**.

A principios del siglo XX apareció la Teoría de la Relatividad, que rechazaba la idea de movimiento a una velocidad infinitamente alta.

La teoría especial de la relatividad fue creada por Albert Einstein, quien en 1905 publicó el artículo (" Zur electrodinámica agente de mudanzas Korper ", Annalen der Physik 1905/17, 891-921).

En los fundamentos de la Teoría Especial de la Relatividad, Albert Einstein postula dos principios.

El primero es el principio de invariancia de las leyes del movimiento en marcos de referencia inerciales.

El segundo es el principio de constancia de la velocidad de la luz. El primero de estos dos principios es consecuencia de la electrodinámica de Maxwell. Las leyes de la electrodinámica muestran que, con el movimiento relativo entre un alambre eléctrico y un imán, fluye una corriente eléctrica.

Hay dos posibles razones para la aparición de la corriente eléctrica:

El primero es el movimiento del alambre alrededor de un campo magnético estacionario. El segundo es el movimiento de un campo magnético alrededor de un alambre estacionario.

Estas dos posibles causas de un mismo fenómeno, Einstein las unió en una, declarando que el movimiento relativo entre el alambre y el imán es la única fuente de corriente eléctrica en el alambre. De esta forma, según Einstein, desaparece el "*fantasma*" del "*espacio en reposo absoluto*". Cuando desaparece el "**fantasma**" del "*espacio en reposo absoluto*", también desaparece **el movimiento absoluto** relativo a ese espacio. Según Einstein, solo importa el movimiento relativo

El movimiento absoluto es totalmente reducible al movimiento relativo. De esta forma, se absolutiza la relatividad en la física, es decir, se define **una relatividad absoluta del Espacio y el Tiempo.**

En este caso, estamos hablando de la relación entre lo absoluto y lo relativo en los procesos naturales, y también de la proyección de esta relación en el conocimiento humano.

Muy a menudo, este problema ha entrado en el campo de visión de los filósofos y naturalistas más destacados, incluidos científicos de renombre mundial como Mach, Newton, Einstein y otros. Desafortunadamente, sin embargo, en una parte importante de las opiniones sobre este tema, una especie de absolutización está a la vista, ya sea en uno u otro polo.

Tal es el caso de la absolutización de la relatividad, que aparece como un parásito de uno de los mayores logros del conocimiento humano, que es innegablemente la teoría de la relatividad de Einstein.

No es correcto considerar y decidir la relación entre absoluto y relativo bajo el signo de "o esto o lo otro", porque tal enfoque expone uno de los dos lados mencionados a una mera negación. Más aceptable es el llamado enfoque dialéctico, en el que lo absoluto y lo relativo en los procesos naturales se reconocen, en primer lugar, como existentes objetivamente, independientemente del grado en que se conozcan, y en segundo lugar, se consideran en una unidad inseparable, es decir, , el mundo, que es uno, es a la vez absoluto y relativo, y quizás estos sean los extremos más lejanos del llamado continuo en el que existe la naturaleza y su desarrollo en espiral, o quizás el movimiento como un ciclo eterno.

En este sentido, la absolutización de la relatividad suena a paradoja, y convierte la relación entre lo absoluto y lo relativo en otra antinomia del saber.

Propondré otro enfoque, en el que el papel principal en la solución de la contradicción entre lo absoluto y lo relativo lo juega el fenómeno del " **movimiento a una velocidad infinitamente alta** ", que se conoce en física como " **acción de largo alcance** ", o como se le llama en mecánica cuántica, " **interacción no local". "**

Einstein creó la Teoría Especial de la Relatividad y rechazó la idea de movimiento a velocidades infinitamente altas. El rechazo de la idea se hace a través del segundo principio, en el artículo mencionado, que es el Principio de constancia de la velocidad de la luz.

El principio establece:

"Cada rayo de luz se mueve en un sistema de coordenadas "en reposo" con una cierta velocidad V , independientemente de si este rayo de luz se emite desde un cuerpo en reposo o en movimiento " .

Al formular este Principio, Einstein no dijo que la velocidad de la luz en la naturaleza es máxima. Él solo y únicamente usa el movimiento de la luz, con cierta velocidad constante, para determinar la simultaneidad de los eventos que suceden.

Debo señalar que entre la velocidad limitada de la luz y el fenómeno de la " **simultaneidad** ", hay una contradicción absurda e inaceptable, porque la simultaneidad de cualquier evento es posible solo si la conexión entre ellos se lleva a cabo a una velocidad infinitamente grande. La **esencia** del **fenómeno**

de la simultaneidad requiere la existencia del **fenómeno de la velocidad infinitamente grande** (lo que sea que eso signifique, en esta etapa del conocimiento humano). Si no se cumple esta condición, la simultaneidad se vuelve objetivamente imposible. Por ello, es inadmisible intentar describir el fenómeno de la simultaneidad con las posibilidades teóricas de la teoría de la relatividad, y especialmente con la velocidad limitada de la luz. Quizás el propio Einstein percibió esta contradicción y buscó una salida al afirmar que:

"Para velocidades superiores a la velocidad de la luz, nuestro razonamiento no tiene sentido. Después de todo, estaremos convencidos de las siguientes consideraciones que, en nuestra teoría, la velocidad de la luz cumple físicamente el papel de una velocidad infinitamente grande".

Este pensamiento contiene varios puntos extremadamente importantes:

Einstein utilizó el concepto de " **velocidad infinitamente grande** ". Esto significa que existe el fenómeno de " **velocidad infinitamente grande** ". Por lo tanto, Einstein admite que en la única realidad infinita hay cosas que se mueven a tal velocidad, no a la velocidad de la luz.

Einstein supuso que en la ciencia de la física, la velocidad de la luz podría actuar como una velocidad infinitamente grande.

En otras palabras, Einstein asumió que a través de la velocidad finita de la luz, es posible describir objetos físicos que se mueven a una velocidad infinitamente alta. Esta idea es el punto débil, el talón de Aquiles, en las opiniones de Einstein. Porque es inaceptable equiparar y poner bajo un denominador común, objetos físicos que se mueven a una velocidad limitada, con objetos físicos que se mueven a una velocidad infinitamente alta, si por supuesto existe tal cosa. La diferencia entre estos dos fenómenos es fundamental.

Esta diferencia fundamental es la razón por la cual las posibilidades limitadas de la velocidad de la luz, con la que se describen las características físicas de los movimientos relativos, nunca pueden explicar las características físicas cualitativas de los fenómenos en los que la existencia de un infinito se supone una gran velocidad.

Resumiendo, debemos enfatizar una vez más que en la física moderna se ha establecido que la velocidad de la luz es constante y no depende del sistema de referencia contra el cual se mide. Este hecho es consecuencia directa de los experimentos de Michelson y Morley. El propósito de estos experimentos era medir la velocidad de la luz en relación con el espacio absoluto (como lo definió Newton), un espacio que se supone que está lleno de un medio hipotético llamado éter. Y justo aquí, hay un hecho muy importante y muy interesante. Los resultados de los experimentos de Michelson y Morley prueban de manera inequívoca y categórica el hecho de que *la velocidad promedio* de la luz es constante.

Mi opinión es que *la velocidad promedio de la luz* es algo completamente diferente de *la velocidad inicial de un haz de luz en una dirección* .

Eso es todo lo que es.

Cuando se hace el experimento de Michelson y Morley, siempre se usa un interferómetro.

Ver Figura 1.

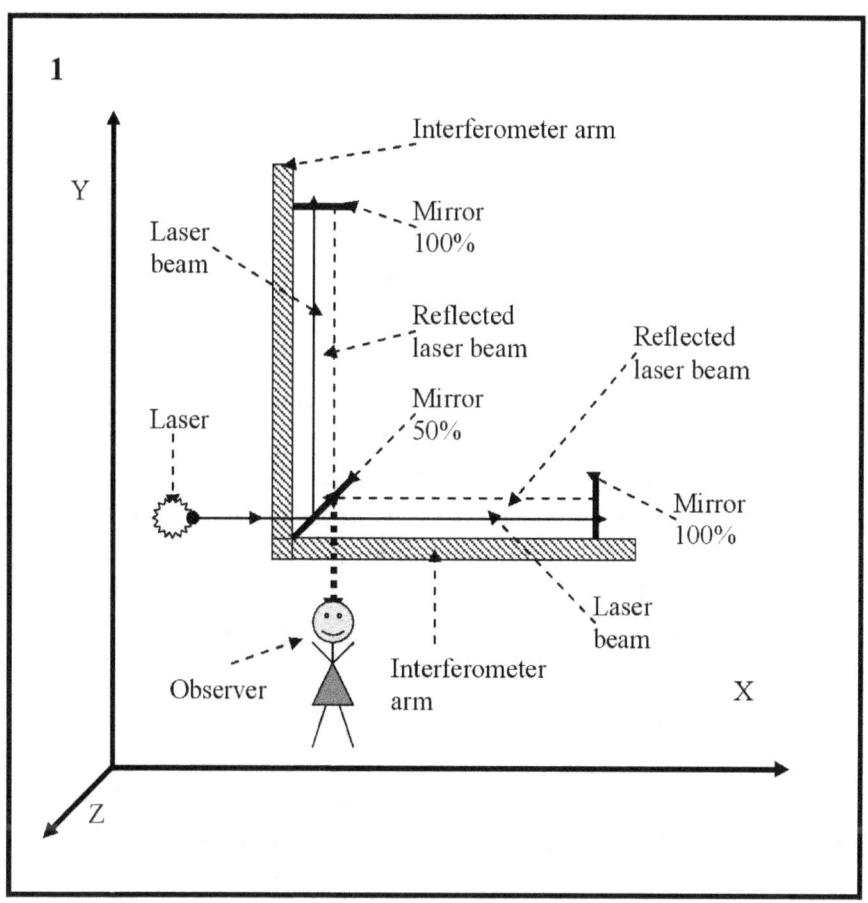

En la figura 1 se muestra el sistema de coordenadas XYZ, un observador realizando el experimento, un emisor láser y un interferómetro.

El interferómetro tiene dos brazos y el ángulo entre ellos es igual a 90 grados. Los dos brazos del interferómetro son dos rieles galvanizados macizos y fuertes.

El rayo láser se dirige, en un ángulo de 45 grados, a un espejo semitransmisivo, espejo 50%. La mitad del rayo láser, el 50 % de la energía luminosa, se refleja verticalmente hacia arriba, la otra mitad, el 50 % de la energía luminosa, pasa a través del espejo semitransparente y viaja horizontalmente. Al final, en cada brazo del interferómetro, hay un espejo que refleja el rayo láser al 100%. Los rayos reflejados rebotan y se encuentran con el espejo

semitransparente. Cuando se encuentran, los rayos interfieren y un espejo semitransparente los desvía hacia el observador. El observador ve el patrón de interferencia. La imagen es una serie de rayas oscuras y claras. Cuando las rayas cambian, significa la velocidad de la luz.
, cambios.
Se pueden encontrar descripciones muy precisas del experimento en Internet. No explicaré en detalle cómo se hacen estas mediciones.
Lo importante es que, en estos experimentos, siempre se utiliza el movimiento de un haz de luz. Un rayo de luz siempre viaja desde algún punto (A) a algún punto (B), y luego desde el punto (B) de regreso al punto (A). En tal movimiento, a través de los experimentos de Michelson y Morley, se prueba, unívocamente y únicamente, que la *velocidad media* de la luz es constante, y no depende de la dirección del brazo del interferómetro, y de la velocidad del interferómetro.
Esto significa dos cosas:
Primero.
El interferómetro se puede colocar arbitrariamente en el espacio y su posición no afecta la **velocidad promedio** de la luz.
Segundo.
El interferómetro puede moverse a diferentes velocidades, en diferentes direcciones, y esto no afecta la **velocidad promedio** de la luz.
Explicaremos esto con algunas cifras.
Consulte la figura 2.

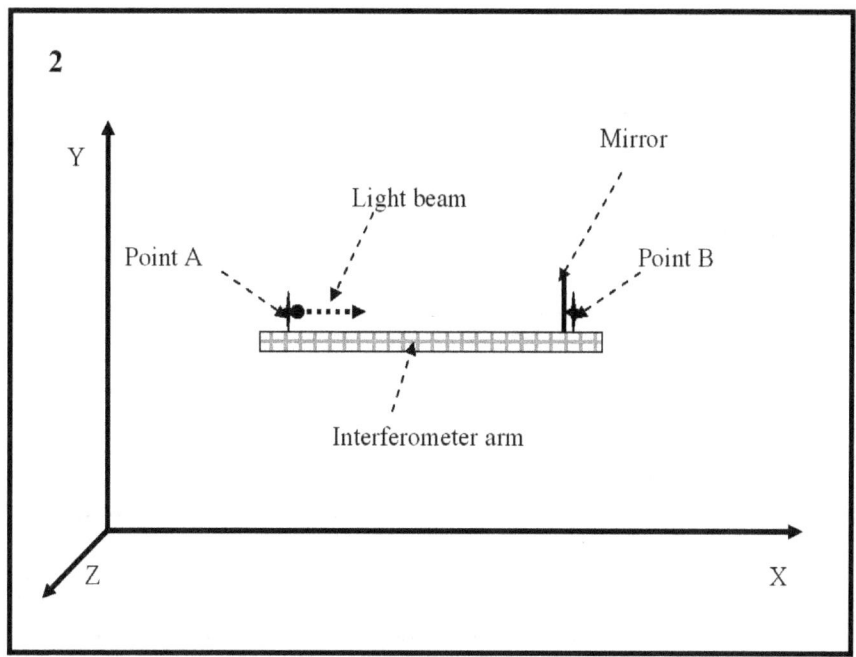

En la Figura 2 , solo se muestra un brazo del interferómetro. Solo se muestra un brazo porque de esta manera es fácil entender cuál es la velocidad promedio de la luz.

El brazo está ubicado en el sistema de coordenadas XYZ , y el punto (A) y el punto (B) están ubicados en él.

En el punto (A), hay un emisor de luz que se dirige al punto (B). En el punto (B) hay un espejo. En un momento (t_1), desde el punto (A), se emite un haz de luz, que empieza a ascender hasta el punto (B). La figura muestra que el haz de luz tiene un principio y un final.

El comienzo del rayo de luz llega al punto (B), en el instante de tiempo (t_2).

Ver figura 3.

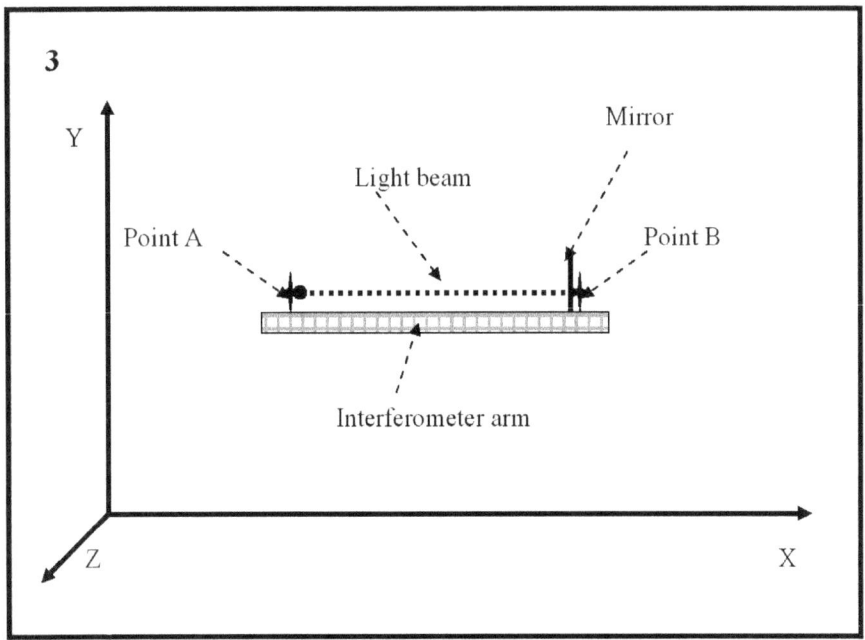

En la Figura 3, se muestra que el origen del haz de luz ha recorrido la distancia desde el punto (A) hasta el punto (B). La distancia del punto (A) al punto (B) es una línea recta, que denoto con el término "línea recta AB".

El comienzo del haz de luz es reflejado por el espejo ubicado en el punto (B) en el instante de tiempo (t_2). En un punto en el tiempo (t_2), el origen del haz de luz, comienza a retroceder, hacia el punto (A).

Ver figura 4.

EL SEGUNDO ERROR DE EINSTEIN

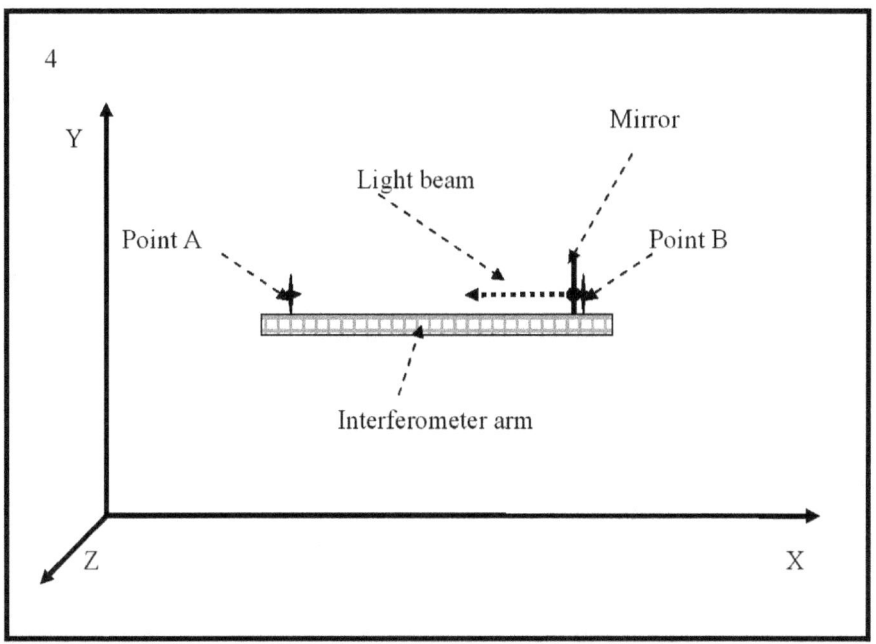

En la Figura 4, se muestra que el origen del haz de luz está ubicado en algún lugar entre el punto (A) y el punto (B), y se aproxima al punto (A).
El comienzo del rayo de luz llega al punto (A), en el instante de tiempo (t_3).
Ver figura 5.

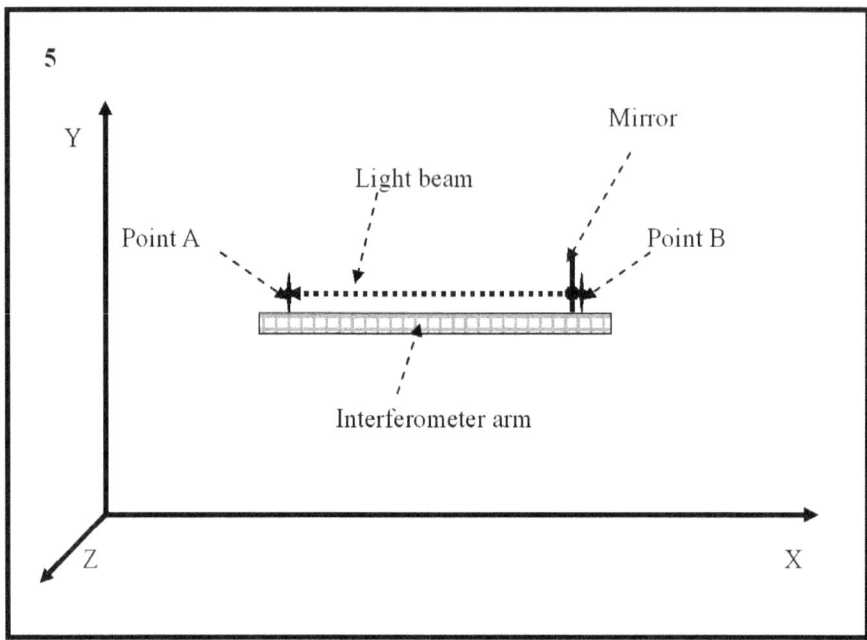

En la Figura 5, se muestra que el origen del rayo de luz ha recorrido la distancia del punto (B) al punto (A), y está ubicado en el punto (A). La distancia del punto (B) al punto (A) es una línea recta, a la que me refiero como "la línea (BA)".

El comienzo del haz de luz, recorrió la distancia del punto (A) al punto (B), y luego de regreso, la distancia del punto (B) al punto (A). El camino completo recorrido desde el comienzo del haz de luz es la suma de la "línea (AB)" más la "línea (BA)". Denoto todo el camino recorrido desde el comienzo del haz de luz con la letra S, y luego escribo:

$$\overrightarrow{AB} + \overleftarrow{BA} = S$$

Esta fórmula está escrita en mayúsculas porque las cosas importantes deben ser vistas y recordadas.

distancia $\overrightarrow{AB}$ tiene una flecha en la parte superior porque tiene una dirección.

distancia $\overleftarrow{BA}$ también tiene una flecha en la parte superior porque tiene una dirección.

La distancia $\overrightarrow{AB}$ y la distancia $\overleftarrow{BA}$ son vectores. Estos dos vectores están dirigidos uno contra el otro, porque el comienzo del haz de luz, va y vuelve.

El camino recorrido (S), no tiene flecha hacia arriba porque no es un vector, y no tiene dirección. La distancia recorrida (S) es la suma algebraica de la distancia (AB) y la distancia (BA), y luego la distancia recorrida (S) se llama distancia (S).

La física moderna sugiere que la velocidad del comienzo del haz de luz, en el camino, es igual a la velocidad del comienzo del haz de luz, en el regreso. Cuando se realizan los experimentos de Michelson y Morley, siempre se utiliza la idea de que la velocidad inicial del haz de luz, al salir, es igual a la velocidad inicial del haz de luz, al regresar, y que no importa si se aleja o se aleja. acercándose

Mi opinión personal es que alejarse o acercarse al inicio del haz de luz es importante y afecta el análisis de los resultados obtenidos.

Ahora estoy seguro que algún lector incrédulo e inquisitivo dirá lo siguiente:

"Pero, ¿por qué nos involucramos tanto en estas consideraciones y análisis irreflexivos? ¡ Mida la velocidad de la luz en una dirección, a una distancia igual a S, todo estará claro y la conversación termina!

Esta sugerencia es razonable y bastante lógica. En la siguiente figura mostraremos lo que hay que hacer.

Figura 6

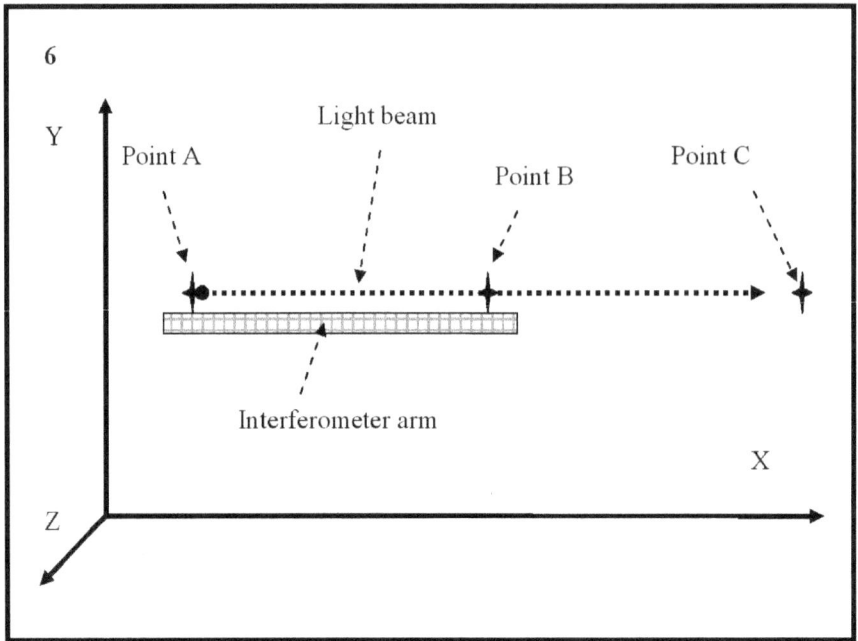

La Figura 6 muestra el sistema de coordenadas (XYZ), el brazo del interferómetro, el punto (A), el punto (B), el punto (C), y el haz de luz que inició su movimiento desde el punto (A) pasó por el punto (B) (ahí ya no hay un espejo allí), y se mueve al punto (C).

Podemos hacer que el brazo del interferómetro sea el doble de largo, y luego el punto C se ubicará dentro del brazo del interferómetro.

Consulte la figura 7.

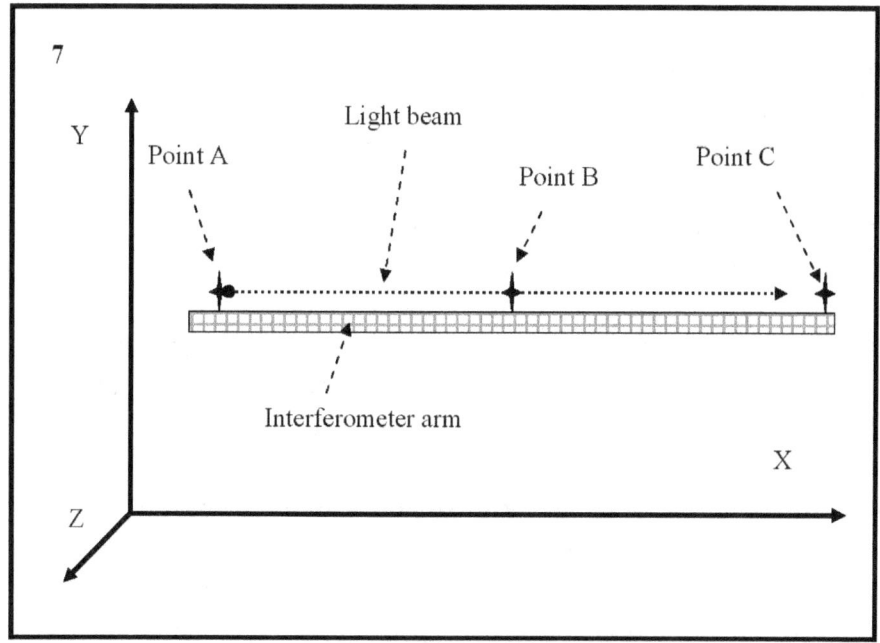

En la Figura 7, se muestra que el punto (A), el punto (B) y el punto (C) están ubicados en el brazo del interferómetro.
La distancia del punto (A) al punto (B) es igual a la distancia del punto B al punto C. La distancia del punto (A) al punto (C) es igual a la suma de estas dos distancias, y es una línea recta.
Anotamos la fórmula:

$$\overrightarrow{AB} + \overrightarrow{BC} = \overrightarrow{AC}$$

Presta atención a la dirección de las flechas. La dirección es la misma. La distancia (AC) es unidireccional.
Cuando el comienzo del haz de luz llega al punto (C), se debe medir de alguna manera la velocidad con la que el comienzo del haz de luz ha recorrido la distancia (AC).
Surge la pregunta, ¿cuál es esta forma de medir la velocidad del inicio del haz de luz, en una dirección?
Mi respuesta es esta:
La física moderna no puede señalar una forma de medir la velocidad inicial de un haz de luz en una dirección. Y lo que es peor, creo que la ciencia de la física, tal vez, nunca podrá ofrecer

un método físico, y un experimento físico, por el cual será posible medir la velocidad del comienzo de un rayo de luz, en una dirección. .

Mi opinión es que se puede idear un método y un experimento para medir la velocidad del comienzo de un rayo de luz, en una dirección, y que la ciencia de la filosofía y la ciencia de la psicología pueden hacerlo.

En esta etapa de su desarrollo, la física no puede.

La física no puede, porque para medir la velocidad de la luz en **una dirección** , por un método cien por ciento físico, se debe especificar un método y un experimento adecuado, en el que, inevitable y necesariamente, será necesario utilizar el movimiento a una velocidad **infinita** . alta **velocidad**

Ahora es un buen momento para que algún lector objete que lo que estoy diciendo es 100% absurdo y que Internet está lleno de muchos métodos diferentes para medir la velocidad de la luz y que estos métodos de medición no usan movimiento con velocidad infinita.

Mi respuesta es esta:

Sí. En Internet, de hecho, se muestran formas de medir la velocidad de la luz, pero hay una característica muy importante. Siempre hablo de: medir la velocidad del comienzo del haz de luz, **en una dirección** .

La diferencia entre la velocidad de alguna luz radiada que se mueve en **una cierta dirección a** , **y luego de vuelta** , y la velocidad del comienzo de un haz de luz, en **una dirección** , es fundamental. Esta diferencia fundamental se comprende más fácilmente cuando se indica un método para medir la velocidad del comienzo del haz de luz en una dirección. Eso es exactamente lo que voy a hacer.

El método de medir la **velocidad del comienzo del haz de luz, en una dirección** , es elemental y único.

Usaremos la figura con un brazo del interferómetro.

Consulte la figura 8.

EL SEGUNDO ERROR DE EINSTEIN

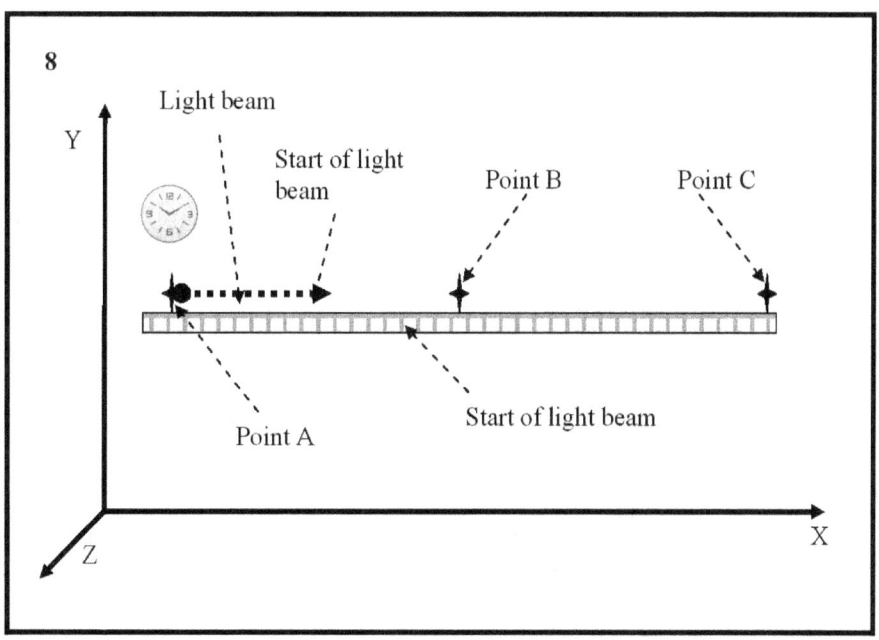

En la figura 8, el sistema de coordenadas (XYZ), un brazo del interferómetro, el punto (A), el punto (B), el punto (C) que se ubican en el brazo del interferómetro y un reloj que se ubica en el punto (A) se muestran.). El haz de luz se emite desde el punto (A) y se mueve hacia el punto (B) y el punto (C). El origen del haz de luz se encuentra entre el punto (A) y el punto (B). El inicio del haz de luz se emite desde el punto (A), en el instante de tiempo (t_1). M momento de tiempo es registrado por el reloj ubicado en el punto (A).

El comienzo del haz de luz pasa por el punto (B) y continúa moviéndose hacia el punto (C).

Consulte la figura 9.

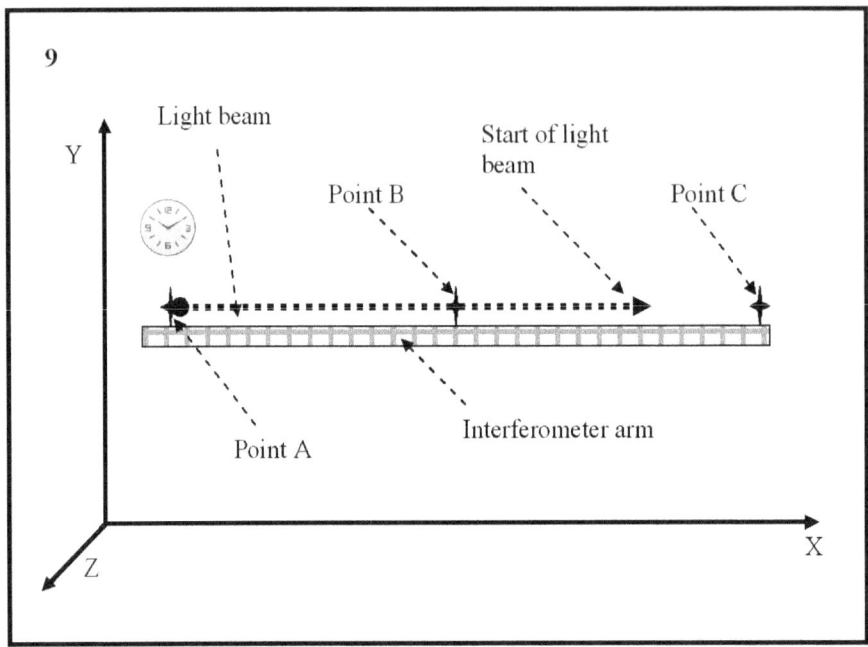

En la Figura 9, se puede ver que el comienzo del haz de luz ha pasado por el punto (B) y continúa moviéndose hacia el punto (C). La figura muestra que el emisor ubicado en el punto (A) continúa emitiendo luz. La figura muestra todo el haz de luz, pero solo nos interesa el comienzo del haz de luz. Digo esto porque la mayoría de los experimentos que determinan la velocidad de la luz utilizan el movimiento de todo el haz de luz. Por el contrario, nosotros, en nuestro experimento, queremos determinar la velocidad del comienzo (uno y solo el comienzo) del haz de luz.

El comienzo del rayo de luz llega al punto (C).

Consulte la figura 10.

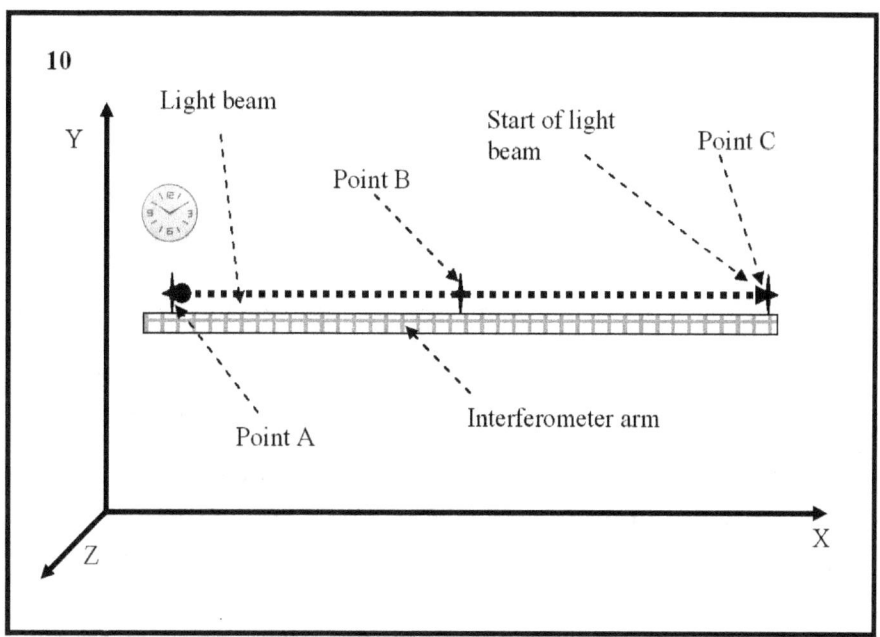

La figura 10 muestra el comienzo del haz de luz que llega al punto (C) en el punto de tiempo (t_2). El momento del tiempo (t_2), se cuenta según las lecturas de las manecillas del reloj que se encuentra en el punto (A).

Ahora sabemos todo lo que necesitamos para calcular la velocidad de un rayo de luz en una dirección. Conocemos la distancia entre el punto (A) y el punto (C), la hora de salida (t_1) (desde el punto A), y la hora de llegada (t_2), (en el punto C). Decíamos que el camino que toma el comienzo del rayo de luz, entre el punto (A) y el punto (C), se indica con la letra (S).

Luego calcularemos la velocidad del comienzo del haz de luz usando la fórmula:

$$\frac{S}{t_2 - t_1} = V$$

Donde, (V) es la velocidad inicial del haz de luz, en una dirección.

Resultó que todo es muy simple. Hemos calculado la velocidad del comienzo del haz de luz en una dirección, y debemos estar muy satisfechos con nuestro espectacular éxito.

¿Es realmente así?

Mi respuesta a esa pregunta es no. El cálculo no es correcto porque hay un error en el análisis que hicimos.

Decíamos que el comienzo del rayo de luz llega al punto (C), en un momento en el tiempo (t_2). El momento del tiempo (t_2), se cuenta según las lecturas de las manecillas del reloj que se encuentra en el punto (A). Pero no mostramos cómo t_2 se mide el momento del tiempo ( ). Debe explicarse cómo el reloj ubicado en el punto (A) "sabrá" que la ocurrencia del evento "llegada del inicio del haz de luz al punto (C)" coincide con la ocurrencia del evento "que indica un momento en hora (t_2)", de las manecillas del reloj, que se encuentra en el punto (A).

Hay dos eventos:

La primera es: "llegada del comienzo del haz de luz al punto (C)".

La segunda es: "mostrar un momento en el tiempo (t_2)".

Los dos eventos tienen lugar en dos lugares diferentes. La distancia entre los dos eventos es igual a (S).

Los dos eventos coinciden cuando se prueba que los dos eventos ocurren en un momento en el tiempo (t_2) . La coincidencia puede probarse, y solo entonces, cuando se utiliza un movimiento con una velocidad infinitamente grande. Esto queda claro en la siguiente figura.

Ver figura 11.

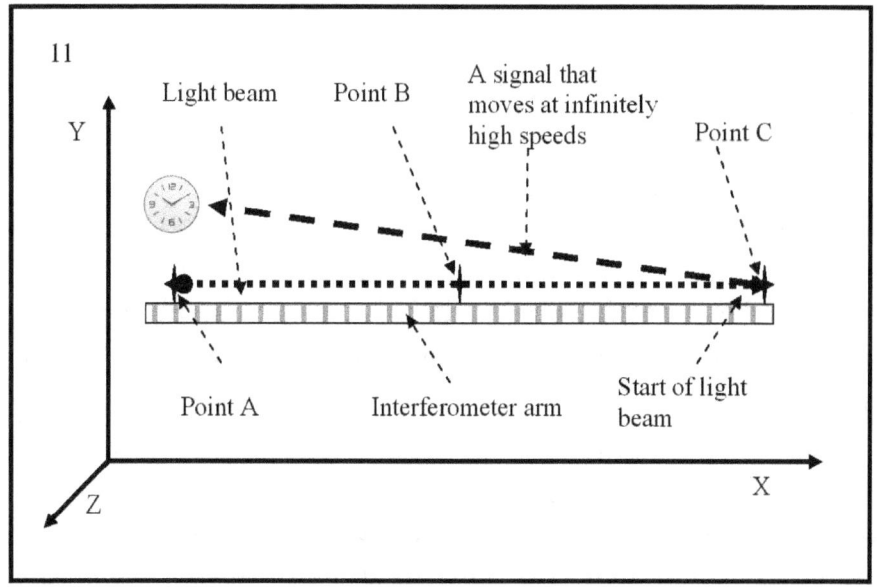

En la figura 11, se muestra que el inicio del haz de luz llega al punto (C). En ese momento, desde el punto (C), se emite una señal hacia el punto A. Esta señal lleva la información de que se ha producido el evento "llegada del comienzo del haz de luz al punto (C)" (el primer evento).

ocurre el evento "que muestra un momento en el tiempo (t_2) " (el segundo evento). Los dos eventos coinciden, son simultáneos (ocurriendo en un punto en el tiempo t_2).

Dije que la señal llega instantáneamente al punto (A). Esto significa que el intervalo de tiempo (Δt_{CA}) durante el cual la señal recorre la distancia entre el punto (C) y el punto (A) es cero.

$$\Delta t_{CA} = 0$$

Sabemos que la distancia entre el punto (A) y el punto (C) se denota con la letra latina (S).

Entonces la velocidad V de la señal que se mueve del punto (C) al punto (A) es igual a:

$$\frac{S}{\Delta t_{CA}} = \frac{S}{0} = \infty = V$$

La velocidad de la señal es igual al infinito, y la señal se "siente", en el punto (A), y en toda la única realidad infinita. Tal movimiento de velocidad infinitamente grande, que se "siente", en toda la realidad infinita, lo llamo llegada "instantánea". Solo entonces, los dos eventos coinciden y ocurren en un punto en el tiempo (t_2).

La física moderna no tiene tal señal, lo que no significa que tal señal no exista en absoluto.

La física moderna tiene señales que viajan a la velocidad de la luz. Por ejemplo, una señal de radio o una señal de luz óptica. Tanto la señal de luz óptica como la señal de radio son ondas electromagnéticas que viajan a una velocidad de trescientos mil kilómetros por segundo.

Si estamos utilizando una señal de luz o radio, no podremos medir correctamente la velocidad inicial del haz de luz en una dirección.

Ver figura 12.

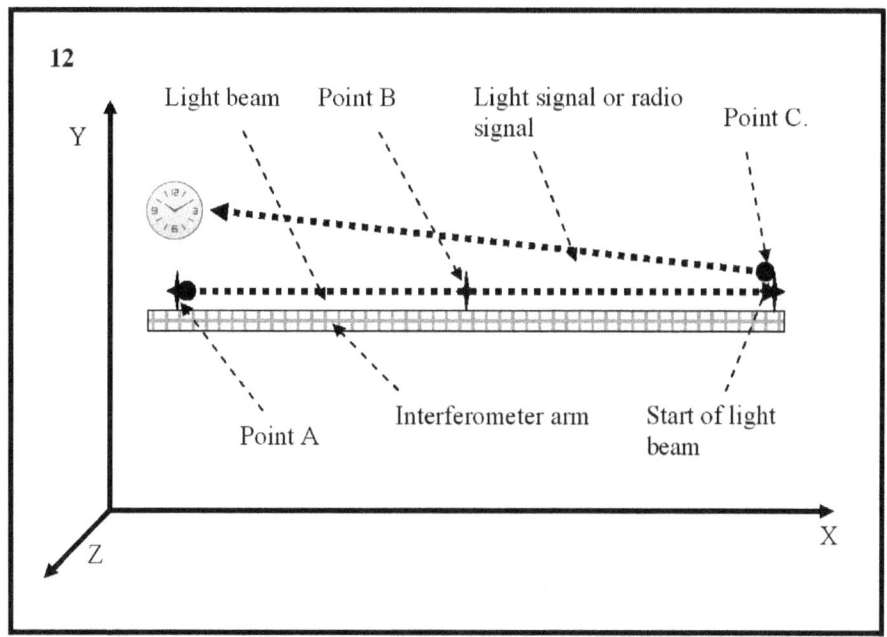

En la Figura 12, se muestra que cuando el comienzo del haz de luz llega al punto (C), del punto (C) al punto (A), comienza a viajar *otro haz de luz (o señal de radio)*. Este rayo de luz (o señal de radio) lleva información (mensaje) de que el comienzo del rayo de luz ha llegado al punto (C).

La velocidad de movimiento de este, *otro haz de luz* (o señal de radio), es de trescientos mil kilómetros por segundo (300.000 km/seg). Así afirma la física moderna. La física moderna ha medido con gran precisión la velocidad de la luz en dos direcciones. Pero, en nuestro experimento, queremos medir la velocidad del comienzo de un haz de luz, en una dirección. Por lo tanto, en nuestro experimento, no se nos permite usar el movimiento de la luz (o señal de radio) en la dirección opuesta (del punto (C) al punto (A)).

Si utilizamos el movimiento de la luz, (o señal de radio), en sentido contrario, del punto (C) al punto (A), se produce una paradoja. Surge una paradoja porque queremos medir la velocidad de la luz utilizando luz cuya velocidad ya conocemos. En principio, el uso de tales métodos en experimentos científicos es incorrecto.

No utilizaremos movimiento de luz (o señal de radio).

Algunos de los lectores (y la física moderna) pueden sugerir otro método que no utilice el movimiento de la luz en la dirección opuesta.

Por ejemplo, en el punto (C), podemos colocar otro reloj que esté sincronizado con el reloj del punto (A).

Consulte la figura 13.

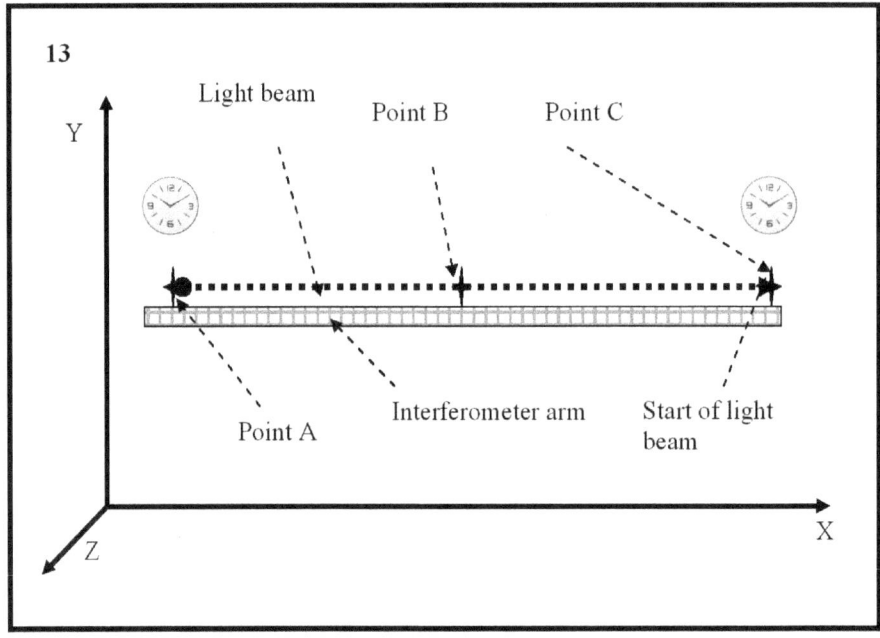

En la figura 13, se muestra que, en el punto (C), se coloca otro reloj. El reloj colocado en el punto (C) es el mismo que el reloj colocado en el punto (A), y se supone que los dos relojes están sincronizados y muestran la misma hora.

Cuando el inicio del haz de luz llegue al punto (C), mediante el reloj situado en el punto (C), t_2 se registrará el instante de tiempo ( ). Cuando se conoce el instante de tiempo (t_2), mediante la fórmula que ya usamos la primera vez, será posible calcular la velocidad.

$$\frac{S}{t_2 - t_1} = V$$

Debo decir de inmediato que el resultado de este cálculo no será correcto. El motivo del error está en la forma en que se sincronizan los dos relojes. Cuando el segundo reloj se coloca en el punto (C), debe sincronizarse con el reloj que se coloca en el punto (A). La física moderna sincroniza los relojes mediante señales de luz que se mueven en la dirección correcta y luego en la dirección opuesta. Usar tal movimiento de luz, de forma oculta, viola la condición de nuestro experimento, porque necesitamos calcular la velocidad inicial de la luz en **una dirección**.

En resumen, dos relojes no nos hacen ningún bien y no tenemos derecho a usar dos relojes.

He mostrado la prueba de esta afirmación en el artículo "¿El error de Einstein?" Editorial "Amazonas". Si algún lector está interesado, puede comprobarlo.

En conclusión, repetiré una vez más lo más importante:

Para medir absolutamente correctamente, a través de métodos *físicos y físicamente* experimentos, la velocidad del comienzo de un haz de luz, en una dirección, es necesario utilizar, movimiento con una velocidad infinitamente grande. No hay otro *físico* forma.

Tenga en cuenta que la palabra *físicamente* está subrayada y se usa tres veces. Esto es porque estoy convencido de que no **hay** métodos *físicos*.

estos **no los métodos** *físicos* son posibles mediante el uso de la ciencia de la filosofía, la ciencia de la psicología, la ciencia de la psiquiatría y la ciencia de la lógica dialéctica.

4. MOVIMIENTO CON VELOCIDAD INFINITA. SIMULTANEIDAD LÓGICA

La simultaneidad lógica es fundamentalmente diferente de la simultaneidad de la Teoría de la Relatividad.

La simultaneidad lógica se origina en el pensamiento del sujeto, es decir, es fundamentalmente subjetivo (lógico), no ontológico. Pero hay ciertas posibilidades, contenidas en las leyes naturales, para que sea objetivado, es decir, ser aplicado y verificado en la práctica.

Intentaremos probar esto a través de un experimento mental.

Imaginemos (dado), dos observadores (investigadores del tiempo) que se ubican, con el grado de coincidencia necesario y suficiente, en un punto del espacio, por ejemplo el punto (A).

Ver figura 14.

En la figura 14 se muestra un sistema de coordenadas (XYZ), punto (A) en el que se encuentran los dos observadores.

Los dos observadores elaboran un plan de acción, según el cual, de acuerdo con un cronograma preparado previamente, realizarán acciones comunes sincronizadas entre sí y al mismo tiempo. El resultado de las acciones comunes será la creación de dos productos idénticos. El plan de acción prevé que los dos productos idénticos se unan entre sí, en un momento preciso en el tiempo y en un lugar preciso en el espacio. Cuando los dos artículos idénticos estén hechos y tocados, los observadores comprobarán su uniformidad. Si resulta que los productos son exactamente iguales, significa que se produjeron exactamente al mismo tiempo. Esta simultaneidad absoluta difiere de la simultaneidad relativa de la Relatividad Especial.

Para probar esta afirmación, realizaremos el experimento mental y, con mucho cuidado, paso a paso, analizaremos todas las acciones de los observadores.

Consulte la figura 15.

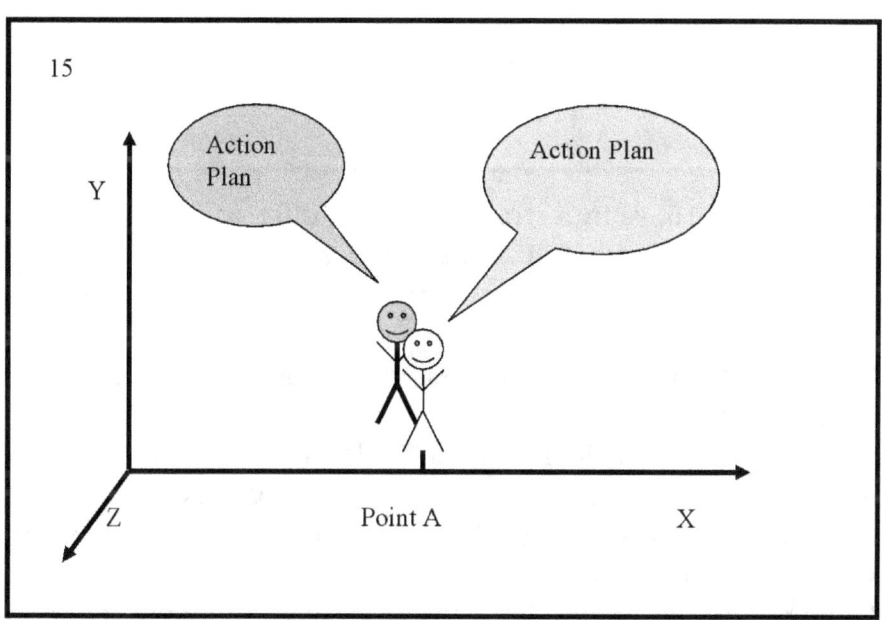

La figura 15 muestra a los dos observadores que están en el punto (A) y están haciendo un plan general de acciones simultáneas.

Para realizar el experimento, se necesitan relojes. Los dos observadores están provistos de dos relojes idénticos. Los relojes están ubicados muy cerca de los dos observadores.
Consulte la figura 16.

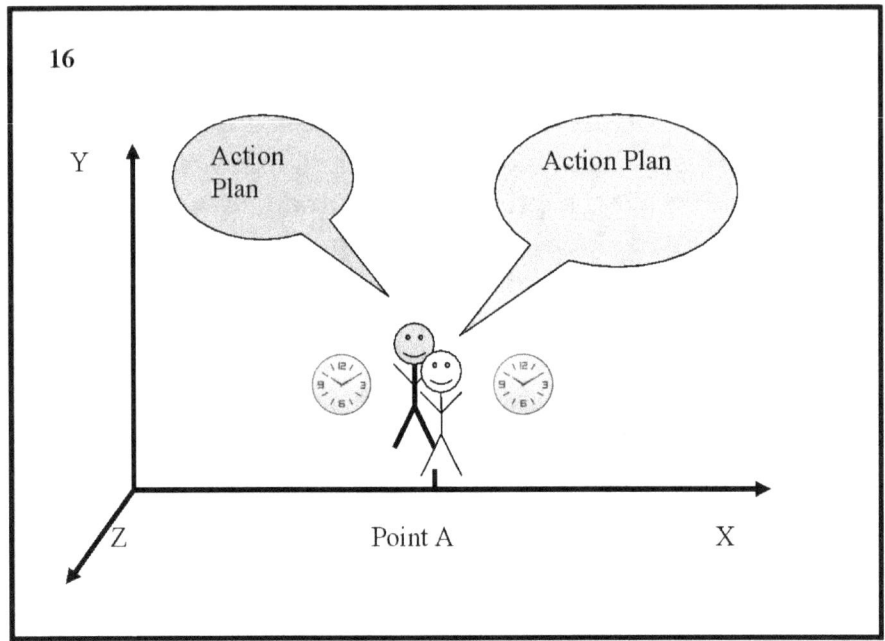

En la Figura 16, se muestra que los dos observadores ubicados en el punto (A) tienen un plan de acción simultáneo y dos relojes idénticos. Los relojes son iguales, funcionan de la misma manera y muestran la misma hora.
El plan de acción concurrente establece que se debe verificar el funcionamiento de los relojes.
Los observadores colocan los dos relojes uno al lado del otro y miran las lecturas de las manecillas. Los observadores se aseguran de que las manecillas de ambos relojes se muevan sincrónicamente, simultáneamente.
Después de la inspección, los observadores comienzan a implementar el plan de acción.
En el plan de acción, está escrito que los observadores deben alejarse a distancias iguales del punto (A).
En el plan de acción, está escrito que cuando se alejan, los

observadores se mueven a la misma velocidad.
Consulte la figura 17.

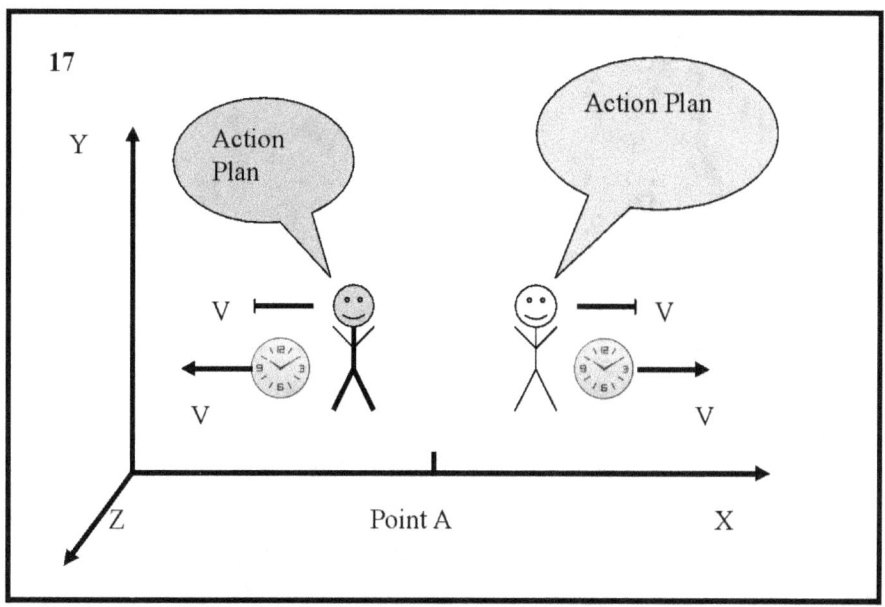

En la Figura 17, los dos observadores se muestran alejándose del punto (A). Los observadores, junto con los relojes, se mueven en direcciones opuestas. Ambos observadores y ambos relojes se mueven a la misma velocidad (V).

El primer observador se establece en reposo en el punto (B), el segundo observador se establece en reposo en el punto en el punto (C).

Consulte la figura 18.

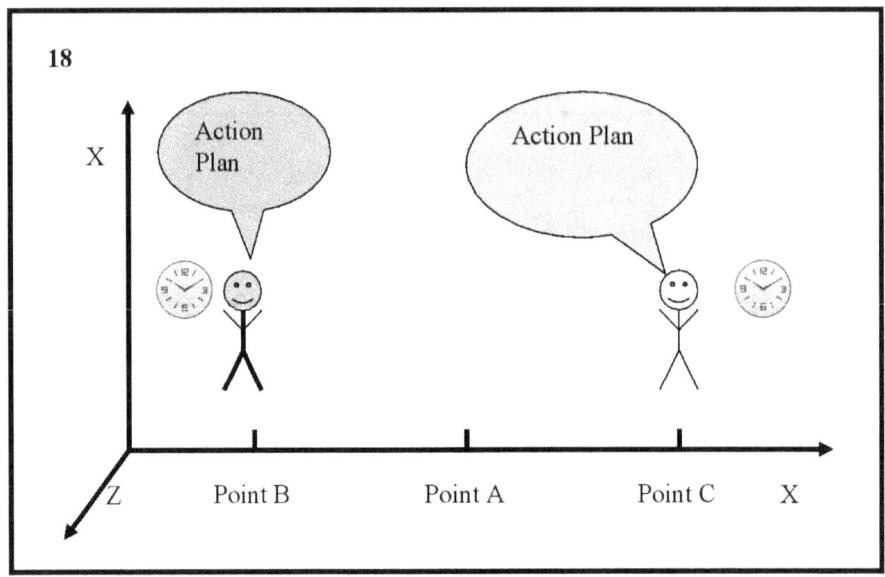

En la Figura 18, los dos observadores se muestran en reposo con respecto al punto (A) (y uno con respecto al otro). Un observador está en el punto (B), el otro está en el punto (C). Podemos decir observador (B) y observador (C). El punto (A), el punto (B) y el punto (C) están ubicados en una línea recta (este es el eje de coordenadas X).
El observador (B) y el observador (C) son equidistantes del punto (A). La distancia del punto (A0) al punto (B) es igual a la distancia del punto (A) al punto (C) (AB=AC).
Observador (B) y Observador (C), y lea atentamente el plan de acción simultáneo. El plan establece que los observadores deben verificar una vez más el funcionamiento sincrónico de los dos relojes. Para verificar los relojes se deben utilizar criterios de verificación del funcionamiento sincrónico de dos relojes equidistantes de algún punto bien definido. En el experimento que estamos realizando, este es el punto (A).
No describiré el procedimiento de sincronización y el criterio de sincronización, porque este es un tema extenso y va más allá del análisis del experimento que estamos realizando.
Un criterio de sincronización y un procedimiento de sincronización se muestran en el artículo "¿Error de

Einstein?" (Librería Amazonas).

Después de verificar el funcionamiento sincrónico de los dos relojes, los dos observadores están en reposo uno respecto del otro y sus relojes marcan la misma Hora.

Los observadores reciben los materiales (detalles) que son necesarios para la producción de los dos productos idénticos. Consulte la figura 19.

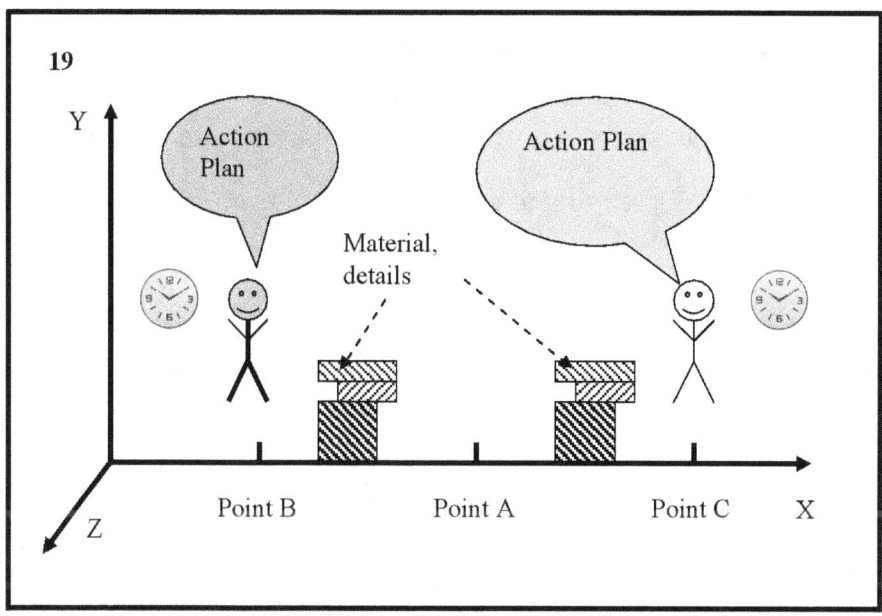

En la figura 19, se muestran los detalles (tres) que son necesarios para la producción de los dos productos idénticos. Los detalles que se encuentran al lado del observador (B) son los mismos que los detalles que se encuentran al lado del observador (C).

Los dos productos idénticos deben fabricarse de acuerdo con el plan de acción.

Los observadores en el punto (B) y el punto (C) miran atentamente sus relojes. En un momento preciso en el tiempo, los observadores en el punto (B) y el punto (C) comienzan a realizar movimientos sincrónicos. Los movimientos sincrónicos se registran en el plan de acción y se definen con precisión en el tiempo y el lugar de ejecución.

En un punto en el tiempo (t_{B1}), el observador en el punto (B) mueve el primer detalle (que está frente a él) y lo coloca en una ubicación definida con precisión. El instante de tiempo (t_{B1}) se mide según el reloj de un observador (B).

En un punto en el tiempo (t_{C1}), el observador en el punto (C) mueve el primer detalle (que está frente a él) y lo coloca en una ubicación definida con precisión. El instante de tiempo (t_{C1}) se mide según el reloj de un observador (C).

En el plan de acciones simultáneas, está escrito que el momento del tiempo (t_{B1}), es igual al momento del tiempo (t_{C1}).

$$t_{B1} = t_{C1}$$

Consulte la figura 20.

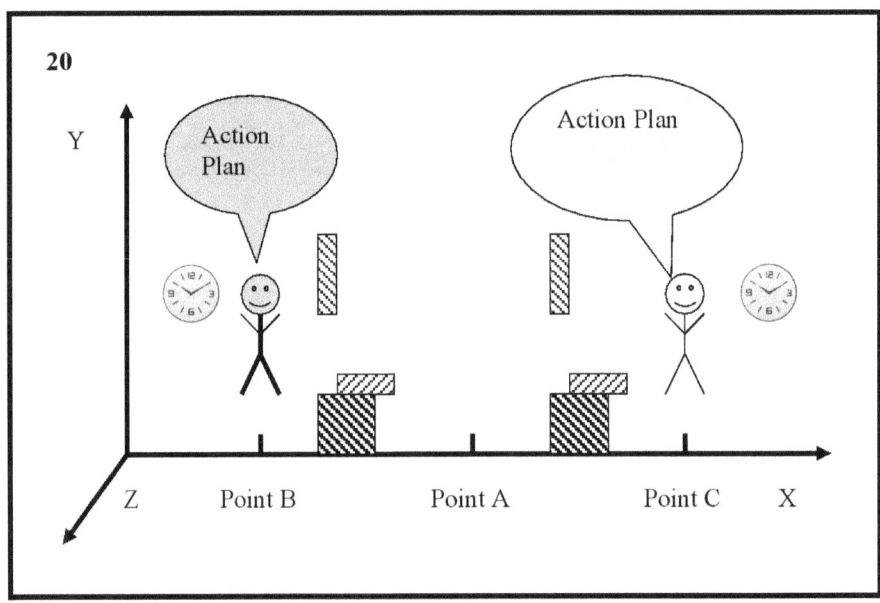

En la Figura 20, se muestran los dos observadores que ya movieron una pieza cada uno y la colocaron en una ubicación precisa. Los dos observadores han leído en el plan de acciones simultáneas que el instante de tiempo (t_{B1}) es igual al instante de tiempo (t_{C1}). Cuando han leído el plan de acciones simultáneas, los dos observadores reciben conocimiento (información) de que el instante de tiempo (t_{B1}) es igual al instante de tiempo (t_{C1}).

$$t_{B1} = t_{C1}$$

Ahora detendremos el experimento porque algunas cosas necesitan ser explicadas de antemano.

Es muy importante entender y recordar que cuando los dos observadores leen el plan de acción simultáneo, reciben *información* por simultaneidad.

Los dos observadores recuerdan y almacenan la información de simultaneidad.

Los dos observadores recuerdan y almacenan la información de que el instante de tiempo (t_{B1}) es igual al instante de tiempo (t_{C1}).

Según la Teoría Especial de la Relatividad de Albert Einstein, y según la física moderna, los dos observadores no pueden inmediatamente, simultáneamente y ahora, en el presente, verificar que el instante de tiempo (t_{B1}) es igual al instante de tiempo (t_{C1}).

La verificación se puede hacer después de algún tiempo delta (Δt). El retardo de tiempo (Δt) está determinado por el tiempo durante el cual la información sobre la ocurrencia del momento de tiempo (t_{C1}), o el momento (t_{B1}), pasará la distancia entre los dos observadores, que es la distancia entre el punto (C) y punto (B).

La información sobre la ocurrencia del momento en el tiempo

(t_{C1}) es un mensaje o una señal que uno de los observadores envía al otro observador. Según la física moderna, la velocidad máxima posible de esta señal es igual a la velocidad de la luz. Utilizaremos una señal de radio.
Consulte la figura 21.

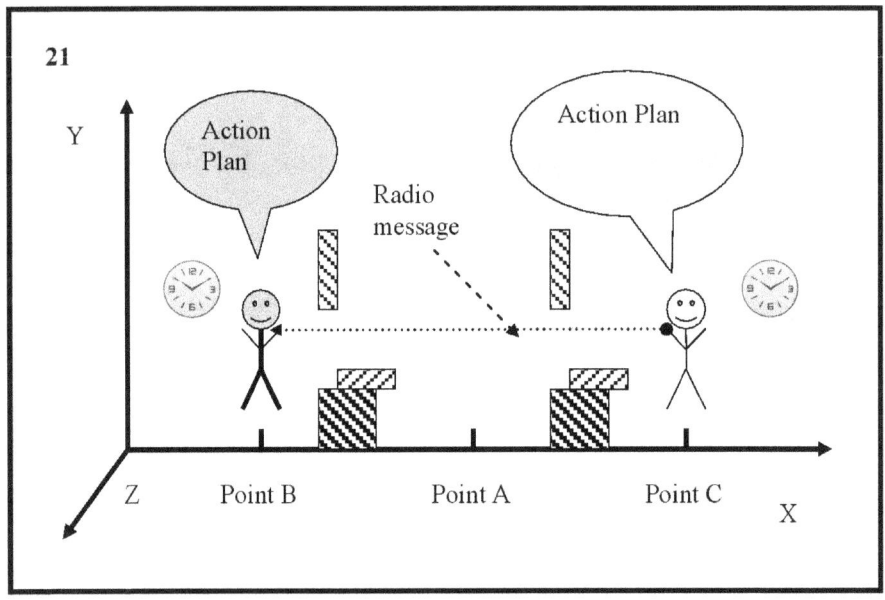

En la figura 21, se muestra como, un observador (C) envía un mensaje de radio que en el momento del tiempo (t_{C1}), ha movido el primer detalle. El mensaje de radio se envía actualmente desde el tiempo (t_{C1}) y se está moviendo hacia el observador (B). Un mensaje de radio es una onda electromagnética y viaja a la velocidad de la luz. El mensaje de radio llegará al punto (B) después del tiempo (Δt).

El intervalo de tiempo (Δt) se calcula mediante la fórmula:

$$\Delta t = \frac{BC}{V_C}$$

Dónde:
(BC) es la distancia entre el punto (C) y el punto (B).

(V_c) es la velocidad de la luz.

Cuando el mensaje de radio llega al punto (B), el reloj del observador B ya no mostrará un punto de tiempo (t_{B1}). El reloj del observador (B) mostrará un punto de tiempo (t_{B2}). El momento en el tiempo (t_{B2}), es igual a la suma del instante de tiempo (t_{B1}) y el intervalo de tiempo (Δt).

$$t_{B2} = t_{B1} + \Delta t$$

El observador (B) sabe por el plan de acción que un instante de tiempo (t_{B1}) (según su reloj) coincide y es igual a un instante de tiempo (t_{C1}) medido por el reloj del observador (C), pero el observador B no puede ver la coincidencia de los dos momentos del tiempo, de los dos relojes. La coincidencia de dos momentos de tiempo, en dos relojes diferentes, es la coincidencia de la ocurrencia de dos eventos que ocurren en dos lugares diferentes La coincidencia de eventos en el tiempo es simultaneidad de eventos. Esta es la idea de Einstein. Esto es lo que dice el artículo (" Zur electrodinámica agente de mudanzas Korper ", Annalen der Physik 1905/17, 891-921).

"Debemos tener en cuenta que todos nuestros juicios en los que el tiempo juega algún papel son juicios de eventos simultáneos".

Y luego:

"Si hay un reloj en el punto A en el espacio, entonces el observador ubicado en A puede determinar el tiempo de los eventos en la vecindad inmediata de A preguntando por la coincidencia de la posición simultánea, con estos eventos, de las manecillas del reloj". reloj."

La coincidencia de dos eventos en el tiempo es una idea muy útil. Cuando esta idea se desarrolla cuidadosamente, puede convertirse en una hipótesis que muestra la esencia del fenómeno del Tiempo. Desafortunadamente, en su análisis, Einstein admite inexactitudes, y algunas de las conclusiones a las que llega pueden ser objeto de serias críticas.

Estas cosas se muestran con gran detalle en el artículo "¿El error de Einstein?" Librería Amazonas.

Albert Einstein usó rayos de luz para definir la simultaneidad, y esto se llama la convención de simultaneidad de Albert Einstein. Quienes llevamos a cabo el experimento (ustedes y yo, queridos lectores) no vamos a utilizar el movimiento de la luz para demostrar que los relojes funcionan sincronizados. El método que usaremos difiere del método que usó Albert Einstein. Nuestra convención de simultaneidad es diferente de la convención de Albert Einstein.

Algunos lectores que no son de física se estresan y se confunden cuando escuchan la palabra convención. En realidad, las cosas son muy simples.

Las diferentes formas de verificar la simultaneidad se denominan, en ciencia física, convenciones de simultaneidad. Una convención es un contrato. Este es un contrato que describe las formas y métodos por los cuales se medirá el tiempo. Es un contrato, una propuesta y una descripción detallada de cómo debe medirse el tiempo. Un investigador, o grupo de investigadores, sugiere a otro investigador, o grupo de investigadores, alguna forma de medir el tiempo. Se puede aceptar el método propuesto y se puede firmar el contrato. Pero puede ocurrir lo contrario, y no hay contrato firmado. ¿Significa esto que cuando no hay contrato, no se deben realizar ni analizar experimentos?

Mi respuesta es, ¡absolutamente no! Estoy firmemente convencido de que en la **única realidad infinita**, no hay leyes y principios que prohíban la realización de tales experimentos, y nunca existirán. Exactamente lo contrario. En **la única realidad infinita**, existe una enorme cantidad de hechos y fenómenos, que de alguna manera extraña, bastante deliberadamente, son creados para provocar la mente humana (y no la humana), y obligar a los seres pensantes a realizar tales experimentos.

Al realizar el experimento, mostraremos cómo medimos la simultaneidad y explicaremos las diferencias entre nuestro método y el método de Albert Einstein.

Habiendo aclarado estas cosas, continuamos con el experimento.

En un punto en el tiempo (t_{B2}), el observador en el punto (B) mueve el segundo detalle y lo coloca en una ubicación definida con precisión. El instante de tiempo (t_{B2}) se mide según el reloj de un observador (B).

En un punto en el tiempo (t_{C2}), el observador en el punto (C) mueve el segundo detalle y lo coloca en un lugar definido con precisión. El instante de tiempo (t_{C2}) se mide según el reloj de un observador (C).

Consulte la Figura 22.

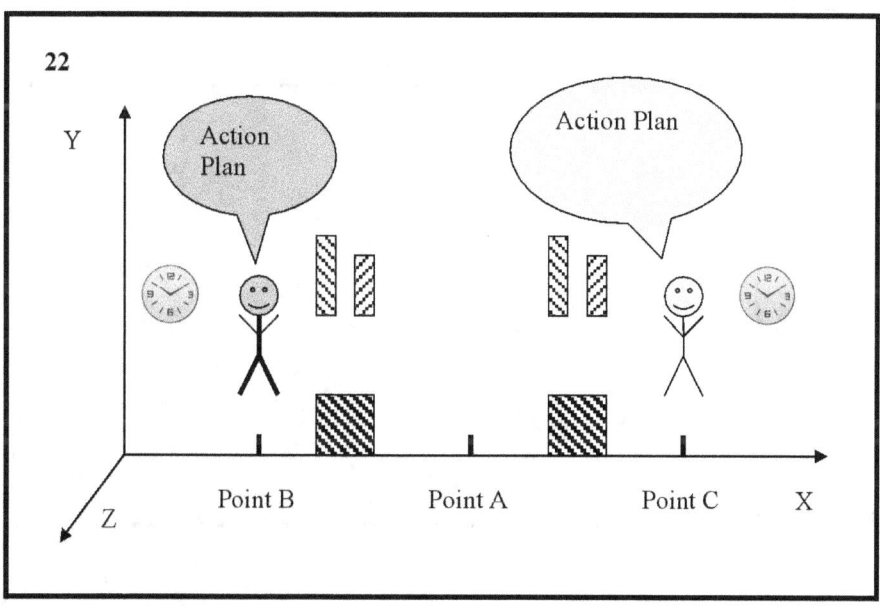

La Figura 22 muestra a los dos observadores que movieron el segundo detalle y lo colocaron en una ubicación precisa. Los dos observadores han leído en el plan de acciones simultáneas que el instante de tiempo (t_{B2}) es igual al instante de tiempo (t_{C2}). Cuando han leído el plan de acciones simultáneas, los dos observadores reciben conocimiento (información) de que el instante de tiempo (t_{B2}) es igual al instante de tiempo (t_{C2}).

$$t_{B2} = t_{C2}$$

En el punto de tiempo 9 t_{B3}), el observador en el punto (B) mueve el tercer detalle y lo coloca en un lugar definido con precisión. El instante de tiempo (t_{B3}) se mide según el reloj de un observador (B).

En un punto en el tiempo (t_{C3}), el observador en el punto (C) mueve el tercer detalle y lo coloca en un lugar definido con precisión. El instante de tiempo (t_{C3}) se mide según el reloj de un observador (C).

Consulte la figura 23.

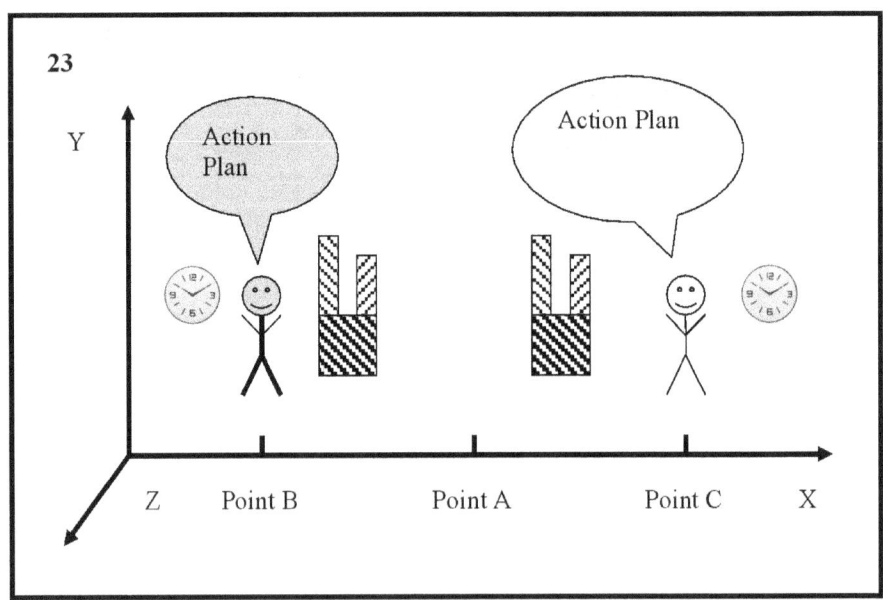

La figura 23 muestra a los dos observadores que movieron el

tercer detalle y lo colocaron en una ubicación precisa. Los dos observadores han leído en el plan de acciones simultáneas que el instante de tiempo (t_{B3}) es igual al instante de tiempo (t_{C3}). Cuando han leído el plan de acciones simultáneas, los dos observadores reciben conocimiento (información) de que el instante de tiempo (t_{B3}) es igual al instante de tiempo (t_{C3}).

$$t_{B3} = t_{C3}$$

La producción de los dos productos idénticos está completa.

El plan de acción establece que cuando se hagan los dos elementos idénticos, se deben mover al punto (A) donde se unirán.

El plan de acción establece que los dos elementos idénticos se mueven junto con los observadores y los relojes.

En el plan de acción, está escrito que cuando se mueven, los observadores, los relojes y los dos objetos idénticos se mueven a una velocidad definida con precisión (V).

En el plan de acción, está escrito que el movimiento de los dos observadores, los dos relojes y los dos productos idénticos comienza en un momento preciso del tiempo, que es contabilizado por los relojes de los observadores.

El observador, que está ubicado en el punto (B), comienza a mover su objeto en el punto de tiempo (t_{B4}). El momento del tiempo (t_{B4}) se cuenta según las lecturas del reloj del observador (B).

El observador ubicado en el punto (C) comienza a mover su objeto en el punto de tiempo (t_{C4}). Un momento de tiempo (t_{C4}) se cuenta según las lecturas del reloj de un observador (C).

En el plan de acción se especifica que el instante de tiempo (t_{B4}) es igual al instante de tiempo (t_{C4}).

Cuando han leído el plan de acciones simultáneas, los dos

observadores reciben conocimiento (información) de que el instante de tiempo (t_{B4}) es igual al instante de tiempo (t_{C4}).

$$t_{B4} = t_{C4}$$

Ver figura 24.

En la figura 24, se muestran dos observadores que comienzan a moverse hacia el punto (A).

En el plan de acción, está escrito que los dos observadores, los dos relojes y los dos objetos idénticos, se mueven con la misma velocidad (V), hacia el punto (A).

Ver figura 25.

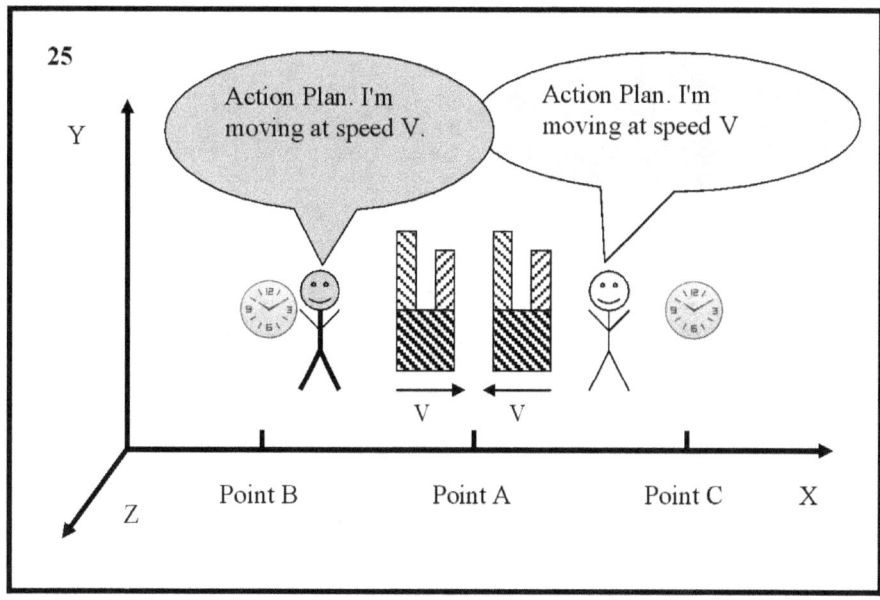

La figura 25 muestra los dos observadores, los dos relojes y los dos objetos idénticos moviéndose a la misma velocidad (V) hacia el punto (A).

En el plan de acción, está escrito que los dos productos idénticos necesariamente deben encontrarse y tocarse.

Consulte la Figura 26 .

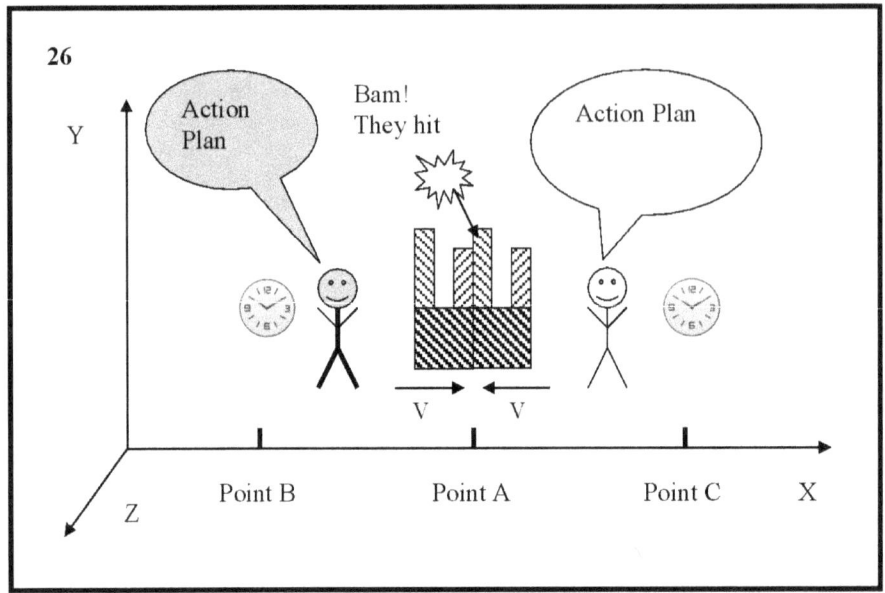

En la figura 26 se muestra el impacto entre ambos productos. El plan de acción establece que el contacto entre dos objetos idénticos debe ocurrir en el tiempo (t_{B5}) medido por el reloj de un observador (B) y en el tiempo (t_{C5}) medido por el reloj de un observador (C). En el plan de acción está escrito que el momento del tiempo (t_{B5}) debe ser igual al momento del tiempo (t_{C5}).

$$t_{B5} = t_{C5}$$

En el plan de acción está escrito que los observadores deben verificar que el instante de tiempo (t_{B5}) sea igual al instante de tiempo (t_{C5}).
Ver figura 27.

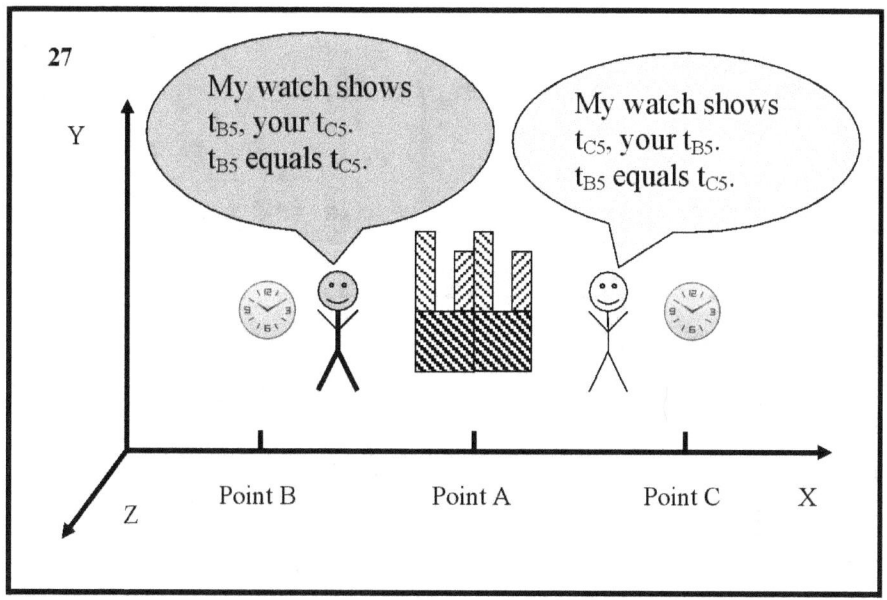

En el plan de acción, está escrito que el contacto entre dos productos idénticos debe ocurrir en el punto (A).
En el plan de acciones simultáneas, está escrito que los observadores deben comprobar si hay contacto en el punto (A).
Ver figura 28.

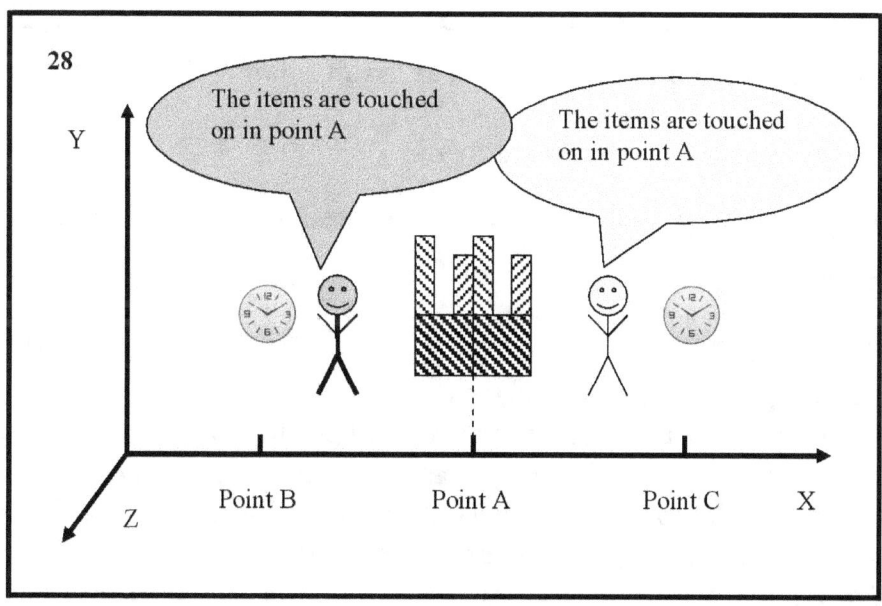

En la Figura 28, se muestra que los dos artículos idénticos se ponen en contacto entre sí, y el contacto se ha producido exactamente en el punto (A).
El plan de acción simultánea establece que los observadores deben verificar que los elementos sean los mismos.
Consulte la Figura 29.

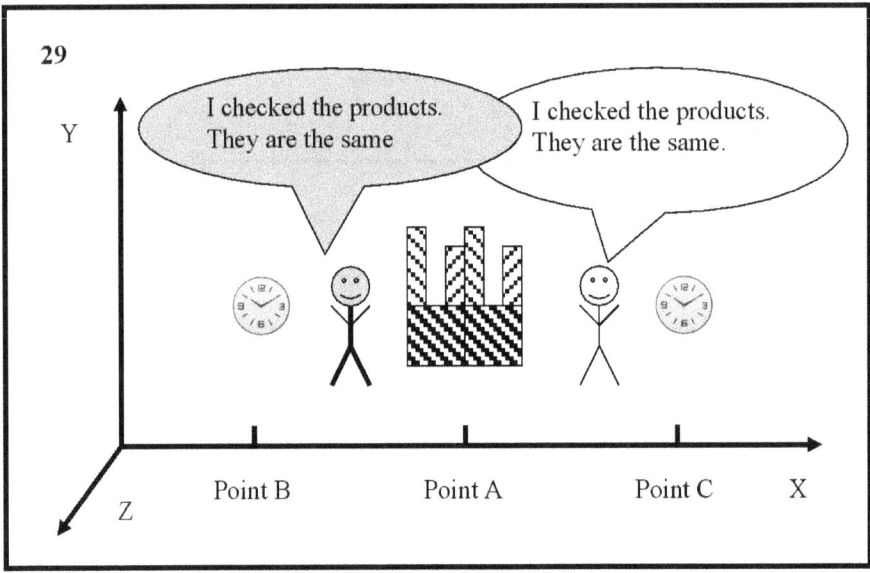

La figura 29 muestra que los observadores han verificado ambos productos y son iguales.
Después de comprobar resulta que:

Un momento en el tiempo (t_{B5}) es igual a un momento en el tiempo (t_{C5}).

$$t_{B5} = t_{C5}$$

Ambos productos son idénticos.
Los dos productos se encontraron en el punto (A).
Esto significa que el trabajo realizado en la construcción de ambos productos se realizó de forma simultánea.
¿Qué nos da razón para llegar a esta conclusión?
La conclusión es cierta porque se dan las condiciones necesarias

y suficientes, tal y como prevé el plan de actuación simultánea:
Primero.
Durante el experimento, los observadores unieron los dos productos fabricados en el punto (A). El punto (A) está ubicado a medio camino entre los dos observadores. La línea (BA) es igual a la línea (CA). Los observadores movieron los dos artículos manufacturados a la misma velocidad hacia el punto (A). De esta forma, los observadores eliminan todos los posibles efectos relativos de ralentización o aceleración del Tiempo, como predice la Teoría Especial de la Relatividad.

No mostraré, aquí y ahora, cómo el tiempo se ralentiza según la Relatividad Especial. La desaceleración del tiempo en la Teoría Especial de la Relatividad es irrelevante para el análisis del experimento que estamos realizando.

La dilatación del tiempo se explica en el artículo "¿Einstein's Mistake?", Amazon Books.

segundo _
Los observadores se aseguraron de que los dos productos fueran idénticos, que todos los componentes de ambos productos estuvieran colocados correctamente y que todos los componentes de ambos productos estuvieran presentes (sin faltantes). Porque si faltan detalles, o están mal ubicados, significa que las acciones de montaje se realizan más rápido o más lento en el tiempo. Entonces los relojes mostrarán los mismos momentos de tiempo, pero las acciones no serán simultáneas.

tercero _
Los dos observadores vieron que la unión de los dos artículos idénticos se produjo simultáneamente. Los relojes de ambos observadores marcan la misma hora.

De acuerdo con el plan de acción contemporáneo, cuando se cumplen estas tres condiciones, las acciones de los observadores al hacer los dos artículos idénticos fueron simultáneas.

Esta simultaneidad es diferente de la simultaneidad de Albert Einstein, y la simultaneidad de la Teoría Especial de la Relatividad. Y cuando todas estas cosas sucedan, todos podemos preguntarnos: ¿Qué diablos es esta simultaneidad?

Esto es lo que yo llamo **simultaneidad lógica** .

La simultaneidad lógica fue prevista e incorporada como información en el plan para realizar acciones simultáneas. Esta es una de las características importantes de la **simultaneidad lógica** . Puede planificarse, predecirse como información de acción, realizarse como acciones simultáneas, verificarse en cualquier momento, almacenarse como información para acciones simultáneas en el futuro e información para nuevas verificaciones en el futuro.

Lo que dije anteriormente es una breve introducción a la teoría de **la simultaneidad de la información.** La **concurrencia lógica** es un caso especial de **concurrencia informativa.**

La investigación y estudio de las propiedades de **la simultaneidad de la información** es una tarea científica que aún está por resolver. El tema de la simultaneidad de la información es muy extenso y muy importante, que necesita un análisis independiente.

En esta etapa del análisis que estamos haciendo, es necesario recordar las importantes propiedades de **la simultaneidad lógica** , cuando se trata de un caso especial de simultaneidad informacional.

Primera propiedad .

La simultaneidad lógica la crea la mente humana (digo humana porque todos sabemos que hay no humanos que también pueden crear simultaneidad lógica).

Segunda propiedad .

La simultaneidad lógica se recuerda conscientemente (almacenada, preservada) y representa un plan para realizar acciones simultáneas en el futuro.

Tercera propiedad .

El plan de acciones simultáneas a realizar en el futuro se recuerda y almacena como información.

Cuarta propiedad .

La información para crear simultaneidad lógica puede ser utilizada por seres sintientes.

Quinta propiedad.
El número de simultaneidades lógicas posibles es infinito.
Sexta propiedad.
La información del plan de acción concurrente siempre contiene condiciones restrictivas.
Las condiciones restrictivas son condiciones necesarias y suficientes que deben cumplirse para probar la simultaneidad lógica. Especificar condiciones es la convención para la simultaneidad lógica. Este es el contrato del que hablamos anteriormente.
Las seis propiedades especificadas de la simultaneidad lógica deben estudiarse de forma independiente y analizarse en una **teoría de la simultaneidad informacional.**
Mi opinión personal es que la sexta propiedad es sumamente interesante y ocupa un lugar especial en la planificación y creación de concurrencia lógica. Mostraré esto a medida que continuamos con el experimento.
Ya hemos dicho que, según el plan de la simultaneidad, hay tres condiciones necesarias y suficientes para la simultaneidad lógica. Los artículos se encuentran en el medio (1), los artículos son iguales (2), los relojes marcan la misma hora (3). Cuando se cumplieron estas tres condiciones, las acciones de los observadores fueron simultáneas.
Sin embargo, puede resultar que no se cumplan las condiciones necesarias y suficientes para probar la simultaneidad.
Entonces, el resultado del experimento será negativo. Luego tenemos que comprobar qué sucederá con la simultaneidad lógica.
Lo mostraremos a través de las siguientes figuras y un análisis del experimento.
Ver figura 30.

La figura 30 muestra que en el momento de c reme (t_{B5}), un observador (B), ya ha llegado al punto (A), y su artículo manufacturado está en el punto (A). Pero, un observador (C) está ausente. El observador (C) todavía está en el punto (C).

El reloj de un observador (C) muestra un instante de tiempo (t_{C4}), y justo ahora comienza a moverse hacia el punto (A) con una velocidad (V).

Consulte la figura 31.

La figura 31 muestra que un observador (C) se desplaza hacia un punto (A) donde lo espera un observador (B).

El observador (C) ejecuta estrictamente el plan de acción simultánea y llega al punto (A) en el punto de tiempo (t_{C5}). El momento del tiempo (t_{C5}), se reporta de acuerdo a las lecturas de un reloj (C). Cuando el observador (C) llega al punto A, el reloj del observador (B) ya está mostrando la hora (t_{B6}).
Consulte la figura 32.

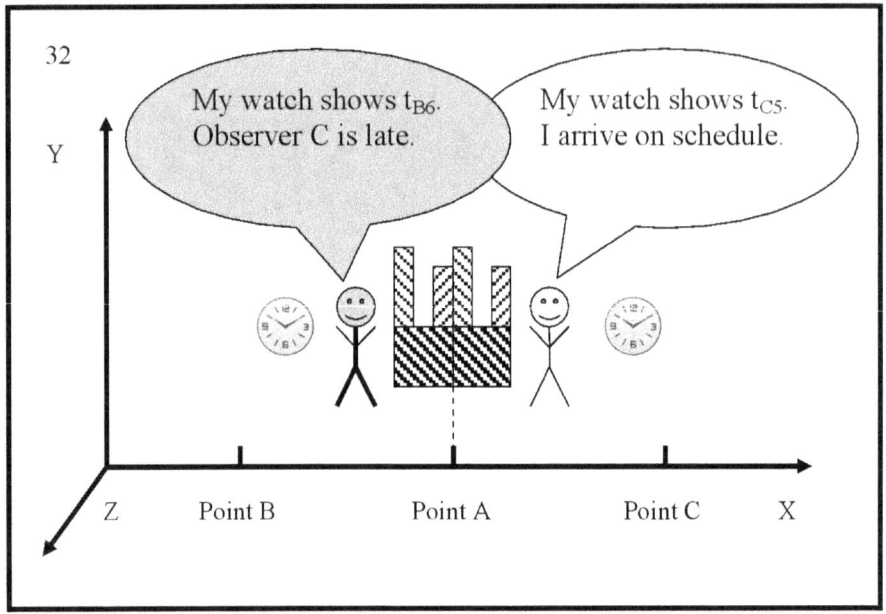

La figura 32 muestra que ambos observadores ya han llegado al punto (A).

Los dos observadores han estado siguiendo el plan de acción, pero cuando se encuentran, sus relojes muestran diferentes puntos en el tiempo. El momento en el tiempo (t_{B6}) es diferente del momento en el tiempo (t_{C5}). ¿Cómo sucedió esto y qué significa?

El observador (C) siguió el plan de acción y midió con bastante precisión los momentos de tiempo, según su reloj, pero no llegó a tiempo al punto (A).

Esto significa que las acciones de los dos observadores no se realizaron simultáneamente y que las acciones del observador (C) se realizaron más lentamente que las acciones del observador (A).

Esto significa que, por alguna razón, el reloj del observador (C) corre más lento (mide el tiempo más lentamente) que el reloj del observador (B).

Algunos de los lectores pueden suponer que el reloj (C) se retrasa con respecto al reloj (B) porque el reloj del observador (C) se ha averiado y sus manecillas se mueven más lentamente. Esta es una suposición perfectamente correcta. Luego se requiere que los observadores verifiquen ambos relojes. Esto es facil. Los relojes se colocan uno al lado del otro en el punto (A), se sincronizan y comienzan a funcionar simultáneamente. Los dos observadores observan atentamente el funcionamiento de los dos relojes. Si el reloj del observador (C) está dañado, después de un tiempo aparecerá una diferencia en las lecturas de los dos relojes. Entonces el reloj C necesita ser reparado.

Pero, puede resultar que cuando se hace la comprobación en el punto (A), los relojes marcan la misma hora. Luego, los observadores hacen una pregunta perfectamente lógica: ¿Qué pasó con el reloj (C) cuando estaba en el punto (C)? La respuesta se puede encontrar después de realizar un análisis detallado del experimento.

Los observadores analizan el experimento y concluyen que el reloj (C) "va más lento" porque, por alguna razón, cuando se realizó el experimento, la velocidad del tiempo para el observador (C) cuando está en el punto (C) es más lenta menos que la velocidad del tiempo del observador (B) cuando el observador (B) está en el punto (B).

En resumen, el reloj (C) es robusto, pero mide un tiempo que es "más lento" (la velocidad del tiempo en el punto (C) es menor).

Esto significa que el plan de acción simultánea ha fallado y no se puede implementar. Los dos observadores concluyen que cuando hay una diferencia en la velocidad del tiempo físico (el tiempo físico es el tiempo de Einstein), las acciones simultáneas son imposibles y entonces la simultaneidad lógica es imposible.

Surge una pregunta importante:

¿Es correcta la conclusión de los dos observadores?

Mi respuesta es esta:

¡La conclusión de los observadores es incorrecta! La simultaneidad lógica también existe cuando las velocidades del tiempo físico son diferentes.

Vamos a ver cómo va esto.

Después de realizar el experimento, los dos observadores

encontraron que la tasa de tiempo del observador (C) cuando el observador (C) está en el punto (C) es menor que la tasa de tiempo del observador (B) cuando el observador (B) está ubicado en punto (B). Sea la velocidad del tiempo del observador (C) dos veces menor que la velocidad del tiempo del observador (B). Suponemos que este hecho se estableció al realizar el primer experimento. Los observadores deciden hacer un nuevo experimento. Los observadores están desarrollando un nuevo plan de acción simultánea. En el nuevo plan, está escrito que al comienzo del experimento, cuando los observadores están en el punto (A), los observadores ajustan el funcionamiento de los relojes de una manera especial.
Consulte la figura 33.

La figura 33 muestra que ambos observadores y ambos relojes están ubicados en el punto (A).
El reloj del observador (C) está configurado para correr el doble de rápido que el reloj del observador (B).
Daremos un ejemplo numérico, con relojes grandes.
Ver figura 34.

34

En la Figura 34, se ve que los dos relojes marcan las "nueve en punto" y los observadores arrancan simultáneamente ambos relojes, y los relojes comienzan a medir el tiempo en el punto (A). Cuando el reloj del observador (B) marca las 10 en punto, el reloj del observador (C) marcará las 11 en punto.
Ver figura 35.

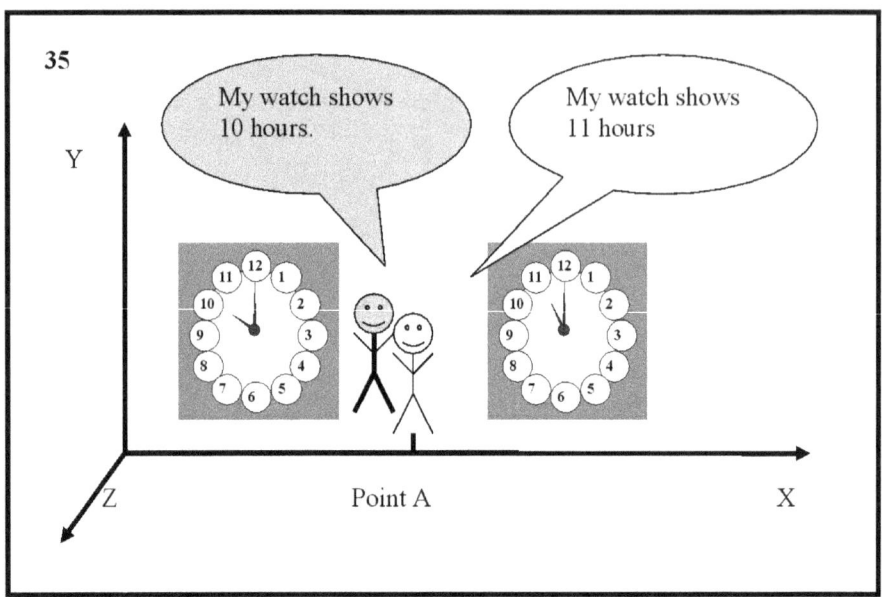

35

La Figura 35 muestra que el reloj de un observador (B) ha medido un período de tiempo de una hora:

$$10 - 9 = 1$$

El reloj de un observador (C) ha medido un período de tiempo de dos horas:

$$11 - 9 = 2$$

El reloj de un observador (C) ha medido dos veces mucho tiempo. Cuando el reloj del observador (B) marque las 11 en punto, el reloj del observador (C) marcará la 1 pm (la una en punto). Consulte la Figura 36.

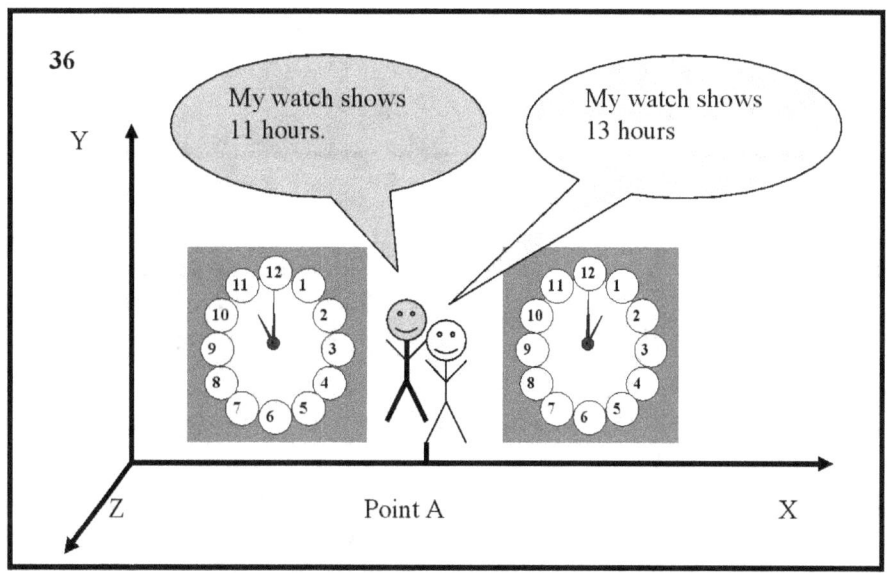

La Figura 36 muestra que el reloj de un observador (B) ha medido un período de tiempo de dos horas:

$$11 - 9 = 2$$

El reloj de un observador (C) ha medido un período de tiempo de cuatro horas:

$$13 - 9 = 4$$

Cuatro es el doble de grande que dos. De nuevo, el reloj del observador (C) ha medido dos veces en mucho tiempo

Los relojes están ubicados en el punto (A) y miden el mismo tiempo, pero muestran resultados diferentes. En el caso particular, el reloj del observador (B) mide correctamente el tiempo en el punto (A) y muestra resultados correctos. El reloj de un observador (C) mide la hora equivocada y muestra resultados el doble de grandes.

Los dos observadores volverán a ejecutar el experimento y usarán los dos relojes que están configurados para mostrar diferentes horas. El observador (B) se mueve con su reloj al punto (B), y el observador (C) se mueve con su reloj al punto (C).

La velocidad del tiempo en el punto (B) es igual a la velocidad del tiempo en el punto (A).

La velocidad del tiempo en el punto (C) es el doble de la velocidad del tiempo en el punto (A)
Consulte la Figura 37.

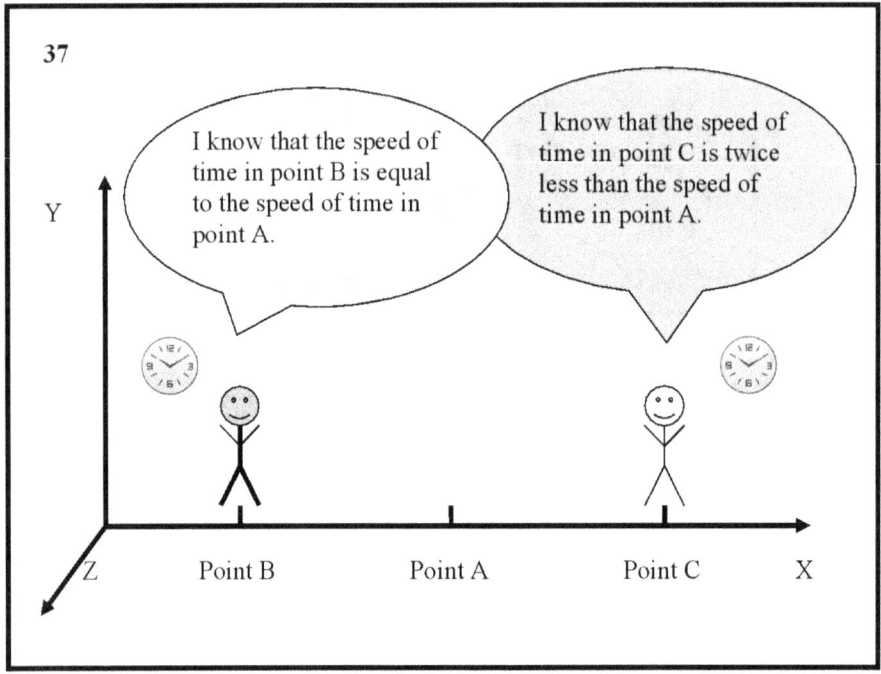

En la Figura 37 se muestra un observador (B) que ha llegado al punto (B) con su reloj y un observador (C) que ha llegado al punto (C) con su reloj.

El observador en el punto (B) sabe que la velocidad del tiempo en el punto (B) es igual a la velocidad del tiempo en el punto (A). El observador en el punto (B) tiene **información**, que la velocidad del tiempo en el punto (B) es igual a la velocidad del tiempo en el punto (A) (esto es importante).

Cuando el reloj de un observador (B) llega al punto (B), medirá el tiempo en el punto (B). Dado que la velocidad del tiempo en el punto (B) es igual a la velocidad del tiempo en el punto (A), entonces el reloj (B) continuará funcionando de la misma manera sin cambiar.

El observador en el punto (C) sabe que la velocidad del tiempo en el punto (C) es el doble de pequeña que la velocidad del tiempo en el punto (A). El observador en el punto (C) tiene **información** de que la velocidad del tiempo en el punto (C) es el doble de la velocidad del tiempo en el punto (A) (esto es importante).

Cuando el reloj de un observador (C) llega al punto (C), medirá el tiempo en el punto (C). Dado que la velocidad del tiempo en el punto (C) es el doble de la velocidad del tiempo en el punto (A), entonces el reloj (C) comenzará a correr el doble de lento.
Ver figura 38.

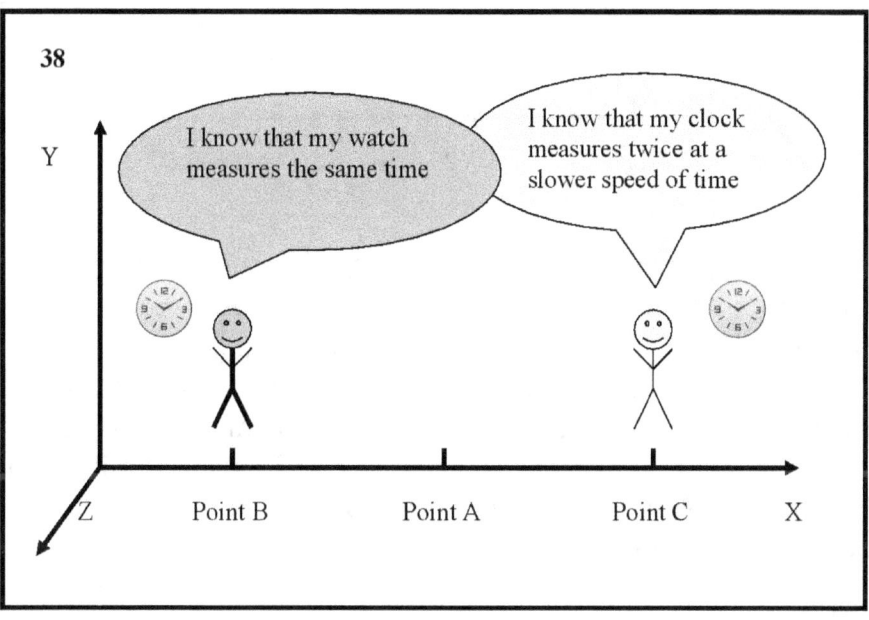

La Figura 38 muestra que los observadores saben, poseen **información**, cómo funcionan los dos relojes.

Cuando un reloj (C) comienza a correr el doble de lento, significa que las manecillas del reloj (C) se mueven el doble de lento.
Ver figura 39.

La Figura 39 muestra que los observadores saben, poseen **información,** cómo funcionan los dos relojes.

Cuando las manecillas del reloj (C) comiencen a moverse el doble de lento, el reloj (C) comenzará a medir el mismo tiempo que el reloj (B), porque antes de eso, el reloj (C) estaba midiendo el tiempo el doble de rápido de un reloj (B).

Consulte la figura 40.

EL SEGUNDO ERROR DE EINSTEIN

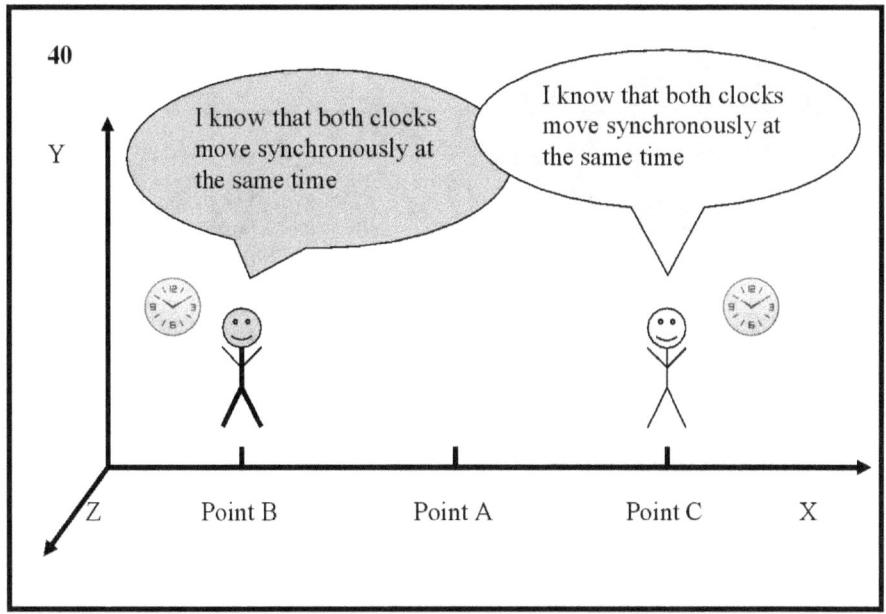

La figura 40 muestra que los dos observadores saben, tienen **información**, que los relojes funcionan sincrónicamente.

Se obtienen resultados muy interesantes. Resulta que los dos relojes están midiendo tiempos diferentes, pero las manecillas de ambos relojes se moverán sincronizadas y mostrarán los mismos resultados numéricos.

Por ejemplo, cuando las manecillas de un reloj (B) indican las cuatro en punto, las manecillas de un reloj (C) también indicarán las cuatro en punto, cuando las manecillas de un reloj (B) indican las cinco en punto, la las manecillas de un reloj (C) también indicarán las cinco, y así sucesivamente.

Surge una pregunta:

¿Qué hora marcan las manecillas de los dos relojes?

La respuesta es muy simple. Ambos relojes miden el tiempo lógico, y las manecillas de ambos relojes indican simultáneamente el mismo tiempo lógico.

Los dos observadores pueden una vez más realizar todo el experimento y hacer los dos artículos idénticos, de acuerdo con un plan de acción simultánea. De esta forma, los observadores pueden comprobar la simultaneidad de los relojes y probar que las manecillas de ambos relojes se mueven sincrónicamente. Ver figura 41.

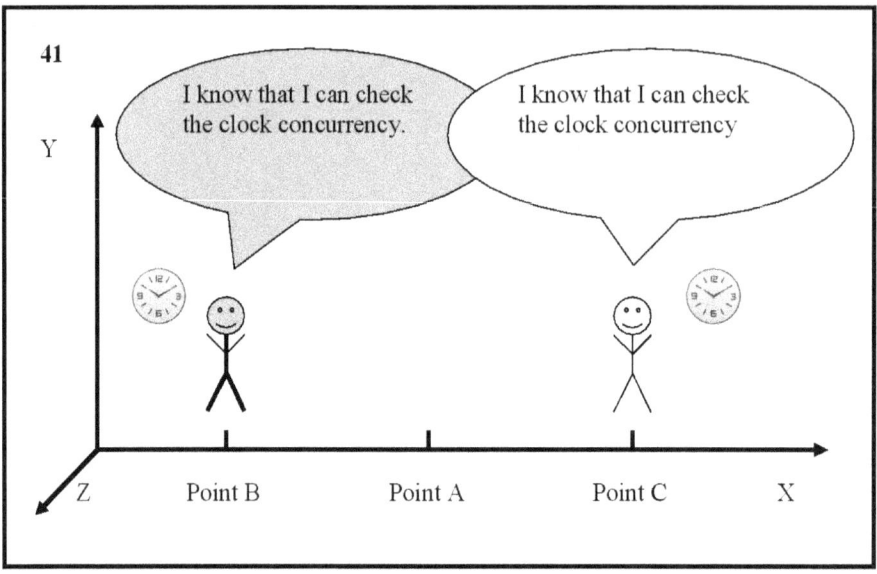

La Figura 41 muestra que un observador está en el punto (C), el otro en el punto (B). Los dos observadores tienen **información** y **conocimiento** sobre las formas en que pueden realizar el experimento y así verificar el funcionamiento simultáneo de los relojes.

No ejecutaremos el experimento por segunda vez, porque la idea es completamente comprensible y los relojes funcionarán sincronizados.

Algún lector puede objetar que cuando el reloj (C) se mueve del punto (A) al punto (C), el ajuste del reloj (C) se verá perturbado porque entra gradualmente en el área del punto (C), donde la velocidad de tiempo es el doble de pequeño.

Sí. Eso es cierto, y la objeción es correcta. Mi respuesta es que estas perturbaciones del reloj (C) se pueden predecir, calcular por adelantado y escribir en el plan de acción. Cuando se hayan registrado los cambios necesarios, se hará la corrección necesaria, en el funcionamiento de un reloj (C). Entonces, esta objeción es correcta, pero no prohíbe la realización del experimento. Una vez más, se ve y comprende el papel y la importancia de **la información** al analizar el tiempo lógico.

Al realizar el experimento mental, hay varias cosas muy importantes que debe comprender y recordar.

Dos observadores hicieron dos relojes diferentes que miden el tiempo a diferentes velocidades.

Los dos observadores colocaron los relojes en dos lugares diferentes donde la velocidad del tiempo es diferente.

Los dos observadores se aseguraron de que donde estaban colocados, los dos relojes funcionaran sincrónicamente y que las lecturas de las manecillas de los relojes fueran las mismas.

Hacer una pregunta:

¿Son simultáneos los movimientos de las manecillas de ambos relojes?

Todos pueden juzgar por sí mismos y ofrecer una respuesta.

Mi respuesta a esta pregunta es: ¡absolutamente sí! Las manecillas de los dos relojes se mueven simultáneamente, y la paradoja es que estos dos relojes miden velocidades diferentes en momentos diferentes.

Este movimiento simultáneo de las manecillas de los dos relojes es lo que llamo **simultaneidad lógica.** La no simultaneidad simultánea lógica es una de las variedades de **simultaneidad absoluta lógica** , que es nuevamente un caso especial de **simultaneidad informacional** .

Lo más importante en este caso es que las acciones de los observadores y el movimiento de las manecillas de los dos relojes comienzan al mismo tiempo, tienen lugar al mismo tiempo y se detienen al mismo tiempo. Esta simultaneidad difiere de la simultaneidad de la Relatividad Especial. La simultaneidad de la Relatividad Especial está definida por la convención de simultaneidad de Albert Einstein. En la convención de simultaneidad de Albert Einstein, la luz viaja a una velocidad constante de trescientos mil kilómetros por segundo.

Al realizar nuestros experimentos, nosotros y los dos observadores usamos una convención de simultaneidad diferente. En el caso que nos ocupa, el conocimiento de la simultaneidad, preestablecida y definida en un cronograma trazado para las acciones sincrónicas de los observadores, garantiza la absoluta simultaneidad de las actividades realizadas, a través de movimientos concretos, predefinidos y descritos con precisión.

Todos los que realizamos el experimento tenemos razones para concluir que:

La información sobre simultaneidad, fijada en un plan de acción de los contratistas, es la causa del fenómeno de simultaneidad lógica, y simultaneidad objetiva, de las actividades realizadas.

Si esta conclusión es cierta, surge la necesidad de investigar estas dos simultaneidades y su relación con el **conocimiento del hombre**, cuyo conocimiento es **información** en el pensamiento del hombre.

Mi opinión personal es que el análisis del papel de la **información**, por simultaneidad lógica absoluta, será una de las tareas científicas más importantes y significativas del siglo XXI.

Para probar la hipótesis propuesta de la existencia de la simultaneidad lógica absoluta, es necesario responder a las siguientes tres cuestiones sumamente interesantes:

Primera pregunta:
¿Cuál es el portador de esta simultaneidad?
Segunda pregunta:
¿Cuál es el fenómeno por el cual esta simultaneidad se puede convertir en una cantidad físicamente medible?
Tercera pregunta:
¿Cuál es la relación físicamente medible entre la información humana y la cantidad infinita de simultaneidad humana relativa?

La respuesta a estas tres preguntas se reduce a encontrar evidencias, datos empíricos y hechos que demuestren de manera inequívoca la existencia del fenómeno, el **movimiento a una velocidad infinitamente alta** , que es el objetivo de nuestra investigación.

Puede resultar que la simultaneidad que hemos mencionado no sea de interés para la ciencia física. Sea como fuere, para la filosofía, sin embargo, queda abierta la cuestión de las dos simultaneidades, a saber, la relativa, definida por Albert Einstein en la Teoría especial de la relatividad, y la **simultaneidad lógica absoluta,** establecida por el conocimiento que tiene el sujeto de ella y su existencia

5. MOVIMIENTO CON VELOCIDAD INFINITA. SIMULTANEIDAD Y SUJETO.

Aquí es apropiado notar que surgen varias preguntas básicas interesantes, sobre las cuales estamos obligados a tomar una actitud consistente con los requisitos científicos básicos.

primero _
Cuáles son las consideraciones, y fundamentos necesarios, que hacen necesario exigir, la determinación subjetiva de momentos de tiempo, mediante la transmisión y recepción de unas señales, en este caso lumínicas, tal como se acepta en la física moderna, según una propuesta hecho por einstein?
Lo cierto es que el análisis filosófico imparcial y consistentemente realizado no encuentra los fundamentos y consideraciones necesarias.

Segundo.
¿Es posible la simultaneidad física y objetiva, anclada en el conocimiento del sujeto, donde la verificación de la verdad y la objetividad es posible en un presente posterior, y aparece como consecuencia?
Desde un punto de vista puramente filosófico, mi respuesta categórica es "sí", y la razón es que la realidad misma aparece objetivamente de esta manera.

Tercera.
¿Qué cambiará en la idea subjetiva de la realidad, que es una imagen física de la realidad, si se introduce una posibilidad principal para la existencia de simultaneidad de eventos que suceden, e inobservabilidad paralela, del acto de suceder, por parte del Sujeto?
En resumen, dice así: ¿Es posible la simultaneidad sin Sujeto?
Mi respuesta es de nuevo un rotundo sí.
En la ciencia moderna, y en la física, existe de forma oculta la idea de que si no hay Sujeto que refleje simultáneamente

la Realidad, la simultaneidad misma parece imposible, o al menos se vuelve relativa, y es precisamente esto lo que le quita contenido a la idea de simultaneidad.

Un ejemplo típico de esto es la Teoría Especial de la Relatividad, y cómo Einstein introdujo la simultaneidad en la física moderna. La medición de eventos simultáneos, con la ayuda de un haz de luz, es un acto subjetivo de reflejar objetivamente fenómenos existentes. La verdad es que los fenómenos existen absolutamente simultáneamente, y esto no requiere ninguna medición por parte de un sujeto. El acto de medir asigna una relatividad de existencia en el tiempo a cosas que existen absoluta y objetivamente en el tiempo. Por extraño que parezca, de esta manera se absolutiza el tiempo del sujeto, contra el cual se mide algún otro tiempo externo al sujeto. De esta manera, el tiempo externo al sujeto se vuelve relativo.

En relación con la idea de simultaneidad absoluta objetiva, son posibles los siguientes razonamientos:

No es difícil imaginar que, en el punto (C), hay una entidad que envía, con misiones similares, múltiples ejecutantes que poseen información sobre movimientos definidos con precisión que se realizarán sincrónicamente, en el sentido de simultaneidad absoluta.

Según la Teoría Especial de la Relatividad, con respecto al sujeto en el PRESENTE en el punto (C), la multitud de agentes dispersos en el espacio están fuera del "cono del tiempo" causal de Einstein, y los resultados de sus acciones estarán disponibles para el sujeto en el punto (C), después de un período de tiempo ($\square T$), cuando se hará PRESENTE.

Lo importante, en el caso que estamos considerando, es que el observador en el punto (C) tiene información previa sobre los resultados de las acciones simultáneas, y aparece en el papel de un creador, la causa del fenómeno del determinismo absoluto.

Es fácil imaginar que en el punto (C), hay un sujeto con capacidades y habilidades significativamente mayores que las que posee el hombre como individuo, y la humanidad en su conjunto, y que este súper sujeto ha enviado a varios lugares del Espacio. múltiples ejecutantes que, en la implementación de las tareas establecidas, se mueven simultáneamente, sincrónicamente, de acuerdo con el programa de acción previamente preparado, y estos ejecutantes están fuera del marco y las limitaciones del tiempo relativo definido en la Teoría Especial de la Relatividad.

Así hemos definido una causa absoluta. determinismo absoluto, y lo más extraño es que la posibilidad de tal definición deriva del Tiempo relativo fijado en la Teoría Especial de la Relatividad, de manera que "envía" a los hipotéticos ejecutores de misiones a algún pasado relativo donde crean, crean, el futuro planificado, de toda una realidad.

Como ya dijimos, la simultaneidad lógica se origina en el pensamiento del sujeto, y es fundamentalmente lógica subjetiva, no ontológica. Pero existen ciertas posibilidades, contenidas en las leyes naturales, para que sea objetivado, aplicado y verificado en la práctica.

Sin embargo, esto solo puede suceder en parámetros espaciales y temporales limitados, si todo se desarrolla en el llamado cono del tiempo de Einstein y los requerimientos de la Teoría Especial de la Relatividad. En cuanto a la posibilidad de la realización de alguna simultaneidad lógica absoluta, que concierne a los acontecimientos y procesos que suceden en la realidad total, entonces tal realización sólo puede ser el fruto de una súper razón o dios. En este caso, el nombre no tiene significado, porque el contenido de estas palabras es el mismo, es decir, alguien envía misioneros, en toda realidad objetiva, en la eternidad y el infinito, y con valores absolutos en las acciones de los misioneros en cuestión. . Desde el punto de vista de la lógica, tal simultaneidad absoluta no puede objetivarse de otra manera que por medio de algún superpoder cuyas acciones estén fuera e independientemente de las exigencias de las leyes naturales.

Al expresar mi desacuerdo con tal actitud hacia la simultaneidad, debo enfatizar lo siguiente:

Primero:

La Teoría de la Relatividad, que es sin duda uno de los mayores

logros de la mente humana, no puede ser una base teórica para un acercamiento exitoso a la esencia y el papel de la simultaneidad en la realidad objetiva. Además, por ahora es más un freno que un factor impulsor en este sentido.
Segundo:
Aún no se comprende, la enorme diferencia que resulta, entre la descripción de la realidad objetiva, a través del prisma de la teoría de la relatividad, y la imagen que se obtendría, a través del prisma de la simultaneidad.
Tercera:
La simultaneidad está más cerca del llamado enfoque sustancial, y tal vez sea precisamente esto lo que contiene las posibilidades metodológicas necesarias para responder a las preguntas milenarias, cuándo, cómo, por qué, el mundo nació y si sucedió en absoluto. y, lo que es más importante, ¿puede suceder
Cuando los físicos y la ciencia física buscan respuestas a estas preguntas, necesariamente deben preguntar a los filósofos en qué estado se encontraba la realidad antes del Big Bang. Tal pregunta es capaz de sustraer la creación del mundo, y buscar el lugar del big bang, en el ciclo eterno, o movimiento en espiral, de los procesos en la realidad objetiva . ¿Por qué, por ejemplo, en esta línea de pensamiento, no asumir que antes del big bang, la realidad se encontraba en un estado tan recogido, en el que sus principales dimensiones y características, como el tiempo, el movimiento, el reposo, el espacio, tenían o tenían valores cero, o la unidad que tiende a completar la identidad. Si admitimos que tal estado es posible, se podría suponer que hay una especie de campo de tensión colosal, y tal vez infinita en fuerza, un esfuerzo que finalmente termina en un cambio paralelo que es cualitativamente diferente, y colosalmente más espectacular. , que cualquier big bang, como resultado del cual, de manera absolutamente simultánea, paralela y no secuencial, han aparecido un número infinito de galaxias, un número infinito de universos y, en última instancia, toda **una realidad infinita** .
Esto, por llamarlo un enfoque dialéctico, se parece demasiado a

la ficción, pero los valores de tal ficción son considerablemente más modestos que el libre albedrío de cualquier superpotencia espiritual. Desde un punto de vista filosófico, el conocimiento humano siempre tiene límites históricos para sus logros, más allá de los cuales comienza el campo ilimitado de lo desconocido. El movimiento de la ciencia por este difícil camino pasa necesariamente por todas las hipótesis posibles, incluidas las fantásticas, no sólo por falta de información y conocimiento suficientes o nulos, sino porque muy a menudo, lo desconocido nos sorprende con su estado fantástico, y diferencia, de cosas ya conocidas.

En cierto sentido, este es también el caso del problema principal de la presente exposición, el problema del fenómeno **del movimiento infinitesimal . velocidad**, y su relación orgánica con la simultaneidad, de eventos y procesos que están distantes entre sí, desde la eternidad y desde el infinito, y sin embargo ocurren simultáneamente.

Por supuesto, somos conscientes de la extrema delicadeza, y quizás también de la audacia, de tal hipótesis. Porque tal estado de realidad, en el que sus principales parámetros tienden a cero, o completa identidad mutua, puede interpretarse como una nueva edición de un concepto filosófico muy antiguo, que reconoce la posibilidad de la existencia de la llamada NADA. Es difícil aceptar tal punto de vista, porque la diferencia entre la NADA y las leyes naturales ya conocidas por el hombre parece un verdadero abismo infinitamente profundo.

Pero, desde un punto de vista científico, las siguientes características fundamentales de la realidad en la que el hombre, la razón humana y toda actividad práctica existen a lo largo de todos los períodos de la historia humana permanecen inquebrantables.

En primer lugar, esta es la tesis de que esta realidad es única y no hay otra que pueda reflejarse.

En segundo lugar, la realidad está constantemente y eternamente cambiando su estado, lo que significa que, cualquiera que sea su estado concreto, siempre es su estado, como antes del así llamado. big bang y después.

En tercer lugar, es bastante razonable considerar este proceso como un eterno movimiento en espiral. el desarrollo de lo inferior a lo superior, o un ciclo eterno sin fin, en el que la repetición de eventos pasados hace mucho tiempo es posible y bastante natural.

En cuarto lugar, la secuencia con la que un estado es reemplazado por otro es absolutamente indiscutible, y tanto la necesidad como el azar juegan un papel importante en este proceso eterno, como una forma necesaria de su manifestación.

En quinto lugar, más controvertida pero no del todo ajena a la ciencia es la llamada simultaneidad absoluta. ¿Hay alguna necesidad de tal simultaneidad, tanto para la esencia como para la existencia misma de la realidad objetiva? La respuesta a esta pregunta es positiva, aunque la evidencia empírica es más que escasa, por lo que el enfoque lógico en la presente presentación tiene una ventaja muy evidente.

Es necesario señalar que en el caso general, el principio de simultaneidad de la realidad existente es no relativo, es decir, absoluto. Esta tesis, elevada al rango de postulado, en relación con la existencia, es una condición previa, inicialmente necesaria, de la existencia misma.

Esta declaración de principios es un problema filosófico clásico, un caso de estudio que no puede ser resuelto por la ciencia de la física. El principio enunciado debe introducirse en la física y ser respetado por quienes trabajan en este campo. La razón de esto es que la existencia de las cosas no es un problema físico y no puede resolverse con métodos físicos. El estudio y enriquecimiento de la categoría de existencia es una cuestión filosófica clásica, resuelta con la ayuda de los métodos filosóficos correspondientemente necesarios. Es bastante natural que, al hacerlo, se utilice el material empírico acumulado como resultado de la actividad de investigación científica privada, y especialmente los últimos logros de la física.

Es necesario concluir que esta es una de las tareas cognitivas más difíciles a las que se enfrenta la ciencia natural moderna, que tiene una enorme carga metodológica, y cuya solución será el motivo de la creación de ideas fundamentalmente nuevas sobre la realidad objetiva, única e infinita. . El uso de principios y métodos filosóficos, en este caso, es imperativo e inevitable.

Esto también se aplica al análisis de las categorías filosóficas, parte y todo, que, de forma oculta, son unas de las más utilizadas en la física moderna.

6. MOVIMIENTO CON VELOCIDAD INFINITA. PARTE Y TODO .

Es necesario señalar que en la historia del pensamiento filosófico, las categorías **de parte** y **todo** se encuentran de alguna manera en la periferia de la investigación científica. Además, por extraño que parezca, casi no hay tal interés. Incluido en el acervo científico de los filósofos más destacados, desde la antigua Grecia hasta nuestros días.

Por regla general, en el centro de la lucha secular entre las diversas variedades de materialismo e idealismo, dialéctica y metafísica, han estado los problemas de la ontología, la epistemología y la lógica. Y en este triángulo filosófico no se ha encontrado lugar para las categorías **de parte** y **todo** . Aún más curioso es el hecho de que también se observa un estado similar en las ciencias naturales, incluidas las matemáticas y la física.

Es natural preguntarse cuál podría ser la razón de esta extraña actitud hacia las dos categorías mencionadas. Quizás la primera razón sea el hecho de que los conceptos de parte y todo ocupan un lugar muy serio en la vida real de las personas.

Puede decirse sin exagerar que cada individuo humano, desde el nacimiento hasta la muerte, diariamente, cada hora y, más exactamente, continuamente, encuentra cosas enteras y partes en las que las cosas en cuestión podrían dividirse. Aún más importante en este caso es que en la actividad práctica del hombre, o bien se divide una cosa entera en partes, o viceversa, se crean cosas enteras a partir de algunas partes. Y así hasta el infinito. Este hecho puede crear y confirmar la comprensión errónea de que, detrás de la concreción sensible de las cosas reales, apenas puede encontrarse nada que sea de interés científico para las ciencias naturales, y más aún para la filosofía.

Un poco más abstracta es otra razón relacionada con la forma en que estas dos categorías podrían relacionarse con los problemas de ontología, epistemología y lógica. En esta especie de triángulo de disputas filosóficas, es muy difícil pensar que las categorías **de parte** y **todo** puedan tener alguna relación con la esencia y existencia de la realidad circundante. Por lo tanto, naturalmente, lo que observamos ha resultado. Estas dos categorías han permanecido en la periferia o completamente fuera del campo de visión de todas las corrientes filosóficas.

Es interesante a este respecto cómo no se ha advertido que la categoría **todo** tiene un sentido cuando se trata de las cosas empíricas que nos rodean, y otro sentido muy diferente cuando se aplica al mundo como **un todo** . K qué es ese todo que no tiene límites ni en el tiempo, ni en el espacio, ni en los continuos cambios a los que está sometido. ¿Qué sentido puede tener la categoría **todo** en este enfoque ya no empírico, sino puramente filosófico, y lo que es particular, y quizás lo más importante, tiene esta categoría alguna relación tanto con la esencia como con la existencia de la realidad objetiva?

En otras palabras, ¿pueden asociarse las categorías **de parte** y **todo** con esa gran necesidad, material y espiritual, que explica la esencia y existencia de la realidad tal como se presenta tanto en el conocimiento como en la actividad práctica de la humanidad? La importancia de estas dos categorías es clave para esclarecer la unidad de la realidad. Se compone de partes que comienzan con partículas elementales y terminan con estrellas, galaxias y universos. En muchos aspectos son mutuamente y profundamente contradictorios y, al mismo tiempo, son **partes** de una sola realidad, que es su único **todo** . Lo que es particularmente importante en este caso es que estas **partes** sufren cambios interminables, incluso colosales, pero este proceso eternamente interminable no daña en lo más mínimo su unidad. Es eterno, y se denota con la categoría filosófica del **todo** . ¿Cómo es todo esto posible y es realmente así? Respondemos afirmativamente a esta pregunta y consideramos que esta unidad está necesariamente conectada con la existencia de la acción distante.

Sin la categoría de simultaneidad absoluta, que es el significado más profundo del fenómeno, el **movimiento a una velocidad infinitamente alta**, de ninguna otra manera se puede dar una respuesta científica a la pregunta de por qué el mundo que nos rodea, a pesar de su infinita diversidad, siempre conserva su integridad y unidad?

Lo mismo se aplica a la categoría **parte**, porque sin la presencia de partes, la unidad se convierte en un absurdo, es decir, es imposible, incluso en el sentido de moverse a una velocidad infinitamente alta.

En apoyo de lo dicho, se puede citar alguna publicación científica sobre física seleccionada arbitrariamente. Cada vez que se hace alguna definición, o se establece la tarea física específica, se usa constantemente el término: "el sistema está en un estado de".

Un ejemplo típico de esto es la primera ley de Newton, que establece:

"Un cuerpo está en estado de movimiento uniforme, rectilíneo, o en estado de reposo, cuando ninguna fuerza actúa sobre él".

Vemos que en la primera ley de Newton, el término "en la condición de" se usa dos veces y, por lo tanto, todo el enunciado se convierte en una definición de una ley.

De la misma manera, se hace cuando se plantea un problema de física.

Un ejemplo.

Dado un sistema de coordenadas (XYZ) que está en reposo y una esfera (S) que está en movimiento con velocidad (V) relativa al sistema de coordenadas (XYZ). Calcula la distancia que recorrerá la esfera (S) cuando se mueva durante una hora.

Ver figura 42.

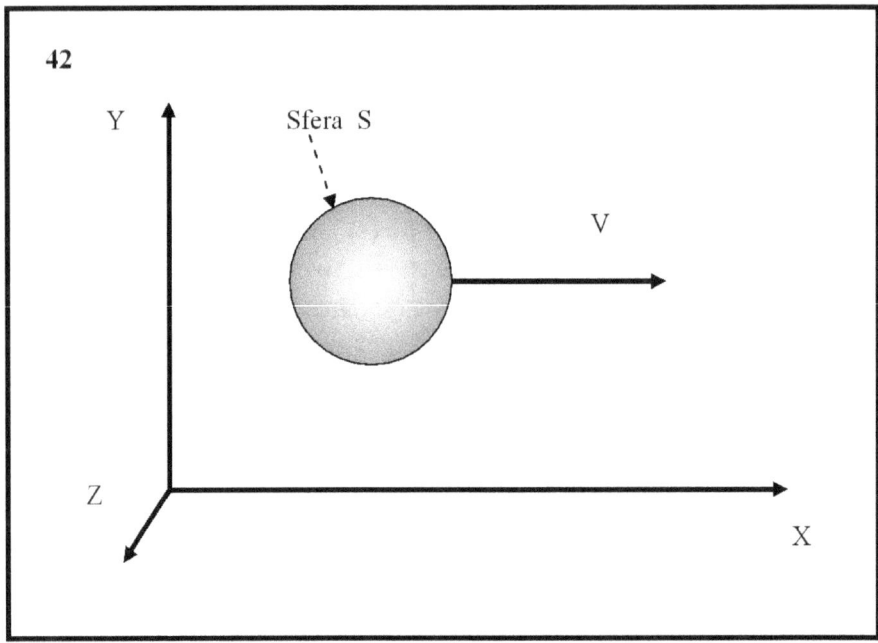

La Figura 42 muestra el sistema de coordenadas (XYZ) que está en reposo, y una esfera (S) que está en un estado de movimiento con velocidad (V). Cuando mostramos esto, es claro para todos que **todo el** sistema de coordenadas, está simultáneamente en un estado de reposo y que **toda la** esfera S , está simultáneamente en un estado de movimiento con velocidad (V). En todas estas tareas, una de las cosas más importantes es que el sistema de coordenadas siempre sea **completo** y que el cuerpo en movimiento siempre sea **completo** . En la tarea, esto más importante no se dice.

Todos los que tienen que resolver la tarea saben esto y lo cumplen, y están convencidos de que está implícito y que la presencia de esta información tácita es algo bastante natural.

No sé por qué es eso, y no sé por qué nadie se da cuenta. Pero es un hecho. Es una paradoja para mí personalmente.

Lo interesante en este caso es que la categoría **estado,** en estado de, se usa con mayor frecuencia cuando es necesario definir la esencia de los fenómenos, o por lo menos, establecer algunos marcos restrictivos, lo que en su esencia es una semidefinición.

Decir de esta manera que un sistema, o cosa, o cuerpo, o... etc., "...está en estado de..." implica siempre que, ese sistema, cosa... etc., está algo ENTERO, en el ESPACIO y ENTERO en el TIEMPO, y existe como tal en un intervalo de tiempo suficientemente pequeño, implícitamente infinitesimal, que suele denotarse como un momento de tiempo (t_0).

Según las modernas concepciones de la física, frente a la Teoría de la Relatividad, el instante de tiempo (t_0) es un punto en el eje (coordenada) del Tiempo, en el Espacio-Tiempo tetradimensional de Einstein, lo que significa que es un segmento infinitesimalmente pequeño de (punto) TIEMPO, y tiene las características tanto del ESPACIO como del TIEMPO tendiendo a cero al mismo tiempo.

Cuando definimos un objeto físico lo suficientemente grande inherente a la macro y mega realidad, por ejemplo, el planeta Tierra, la estrella-Sol, la Vía Láctea-Galaxia, como exactamente algo, ENTERO e indivisible, necesariamente usamos la categoría ESTADO y definimos un momento en el tiempo. (t_0).

En estos casos y otros similares, el sujeto emite el siguiente juicio:

"En un momento en el tiempo (t_0), **la** Tierra, o el Sol, o... etc., están, aparecen, en un estado de...".

Esta es exactamente la paradoja del problema bajo consideración. Si la cosa es TOTAL, en la REALIDAD ACTUAL, y en un momento preciso del Tiempo (t_0) de la REALIDAD ACTUAL, aparece fuera del TIEMPO relativo definido por Einstein.

Llegamos al problema del momento del PRESENTE, y su relación con el PASADO y el FUTURO, al mismo tiempo agravado por las exigencias de la Teoría Especial de la Relatividad y el segundo Principio, por el cual los intervalos de TIEMPO se transforman en Espacios. segmentos

7. MOVIMIENTO CON VELOCIDAD INFINITA. PASADO PRESENTE FUTURO.

La relatividad especial y la física moderna afirman que la velocidad de la luz es la máxima velocidad posible. No hay uno más grande. Einstein dijo que "la **velocidad de la luz actúa como una velocidad infinitamente grande**".

Si esto es cierto, no hay pasado, presente y futuro.

Así es como.

Si, en un momento preciso del tiempo (t_0), definimos un cierto punto (A) en el espacio como un punto de la realidad *presente*, todos los demás puntos que no son el punto (A) se transfieren, ya sea al *pasado* o al presente. *futuro* en el punto (A), y esto es una consecuencia de la comprensión moderna de la física.

En concreto, dicha pluralidad de puntos aparece como puntos del *pasado* del punto (A), respecto del presente del punto (A), al recibir señales cuyas señales se desplazan, desde la pluralidad de puntos, hasta el punto (A), y el El conjunto de puntos citado aparece como puntos del *futuro* del punto A (en relación con el presente del punto (A)) al recibir señales que son enviadas por el punto (A) a los otros puntos.

Esto debe ser explicado.

Ver figura 43.

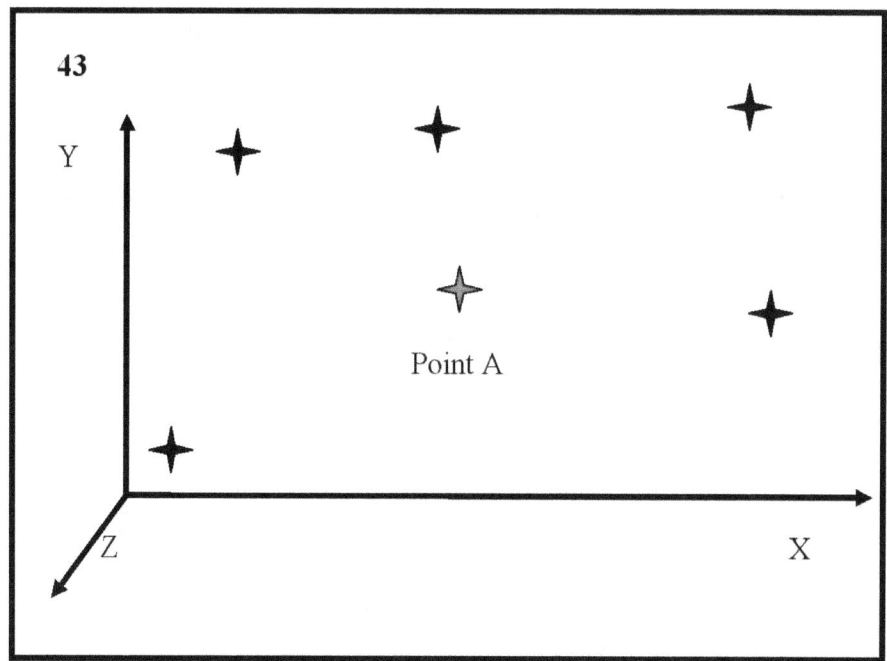

En la figura 43, se muestran el sistema de coordenadas (XYZ), el punto (A) y otros cinco puntos. Los cinco puntos están a diferentes distancias del punto (A). Los cinco puntos, y el punto (A), son parte del conjunto infinito de puntos posibles que pertenecen a **toda la** Realidad Una Infinita.

Los cinco puntos y el punto (A) están en el *presente* de *toda la* única realidad infinita. Esto significa que los puntos están *simultáneamente* en el *presente*. Esto significa que existe una interacción constante entre los puntos que asegura que estén simultáneamente en el presente. En términos filosóficos, esto se llama una conexión universal. El nexo universal garantiza el presente solo y solo cuando ocurre a una velocidad infinitamente alta. Si la conexión universal tiene lugar a una velocidad distinta de la infinita, se producen paradojas.

Por ejemplo, supongamos que la relatividad universal ocurre a la velocidad de la luz, como insiste Einstein. Vamos a hacer un experimento mental.

En un momento determinado (t_0), por ejemplo a las siete de la mañana, los cinco puntos envían simultáneamente cinco

señales de radio idénticas al punto (A). Las señales de radio R viajan a la velocidad de la luz y proporcionan una comunicación universal.
Ver figura 44.

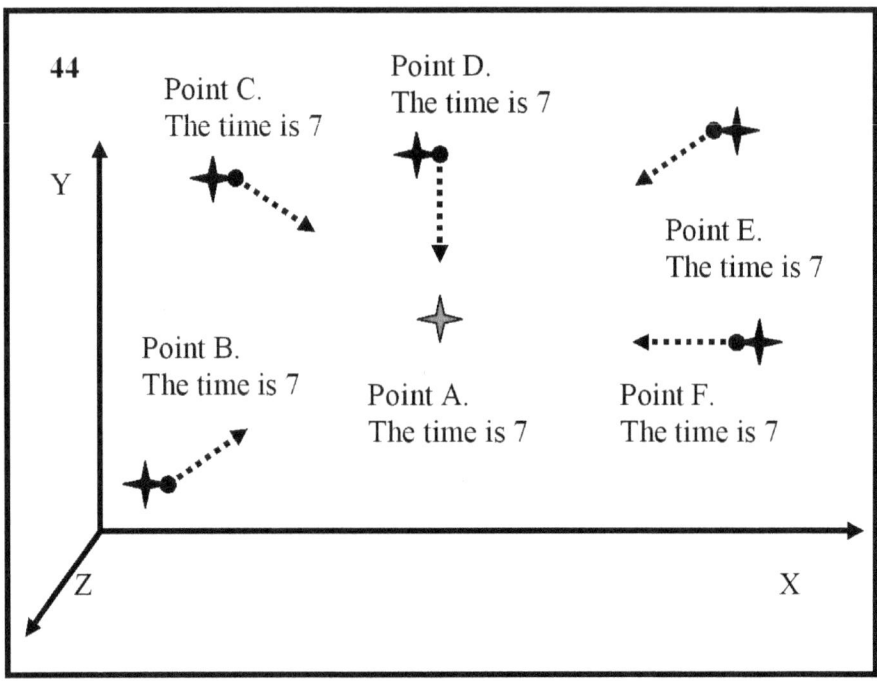

La Figura 44 muestra que a las siete en punto, los cinco puntos envían señales de radio simultáneamente al punto (A). Enviar una señal de radio es un evento que ocurre a las siete en punto. Las siete en punto es el presente del punto (A) y de *toda* Una Realidad Infinita. Las señales de radio llevan el mensaje de que fueron enviadas a las siete. Las señales de radio viajan hacia el punto (A) a la velocidad de la luz. Después de un tiempo, por ejemplo una hora, a las ocho, la señal que se envió desde el punto más cercano llegará al punto (A).
Consulte la Figura 45 .

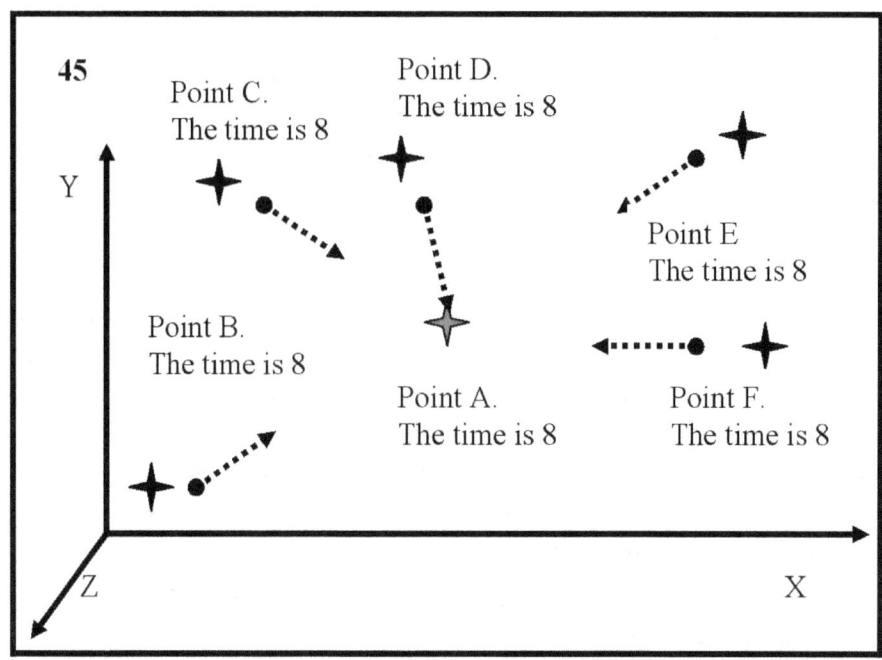

45

La Figura 45 muestra el sistema de coordenadas, el punto (A), y los cinco puntos de la realidad involucrados en el experimento. Son las ocho en punto. Las ocho en punto es el tiempo *presente* de *toda* Una Realidad Infinita. En ese momento, la señal enviada desde el punto (D), más cercano a (A), llega al punto (A). La señal enviada por el punto (D) se envía para probar que el punto (D) está en el presente del punto (A). Pero, la señal (en el punto D) indica que el presente en el punto (D) son las siete en punto. Pero para el punto A, el presente "siete en punto" está en el pasado del punto (A). Ocurre que el presente del punto (D) es las siete, el presente del punto (A) es las ocho. El presente en el punto (A) es diferente del presente en el punto (D).

Ese es el problema con el presente. Si asumimos que la velocidad de la luz actuará como una velocidad infinitamente grande, en nuestro experimento aparecerá una corriente en el punto (A) y una corriente en el punto (D) . En las ciencias humanas, el presente es por definición uno, sólo uno. No puede existir más allá de un presente. Los resultados del experimento muestran que la velocidad de la luz, que es finita, no puede actuar como una velocidad infinitamente grande. La conclusión es que la velocidad de la luz no se puede utilizar para proporcionar la conexión universal entre las cosas que son infinitas en cantidad, la Realidad Única e Infinita. Y eso no es todo. Este es solo uno de los problemas que surgen. El segundo problema está relacionado con la relación entre el presente y el pasado.

El presente en el punto A son las ocho. La señal que llega a la varilla A se envió a las siete. Las siete en punto es la hora *pasada* para el punto (A). La señal se envía desde el *pasado* en el punto (A) y llega al *presente* en el punto (A). Pero entonces, para el punto (A), la señal se mueve desde el *pasado* del punto (A), al *presente* del punto (A). Pero cuando la señal se mueve del *pasado* al *presente*, esto se llama viaje en el tiempo. Entonces podemos llegar a una conclusión bastante lógica de que la señal se mueve simultáneamente tanto en el tiempo como en el espacio.

Hacer una pregunta:

¿Es esto cierto?

Mi respuesta es sí. Suena un poco extraño, pero es cierto. Resulta que cuando algo se mueve, a una velocidad finita, en el espacio, esa cosa siempre se mueve también en el tiempo. Debo señalar de inmediato que si la cosa se mueve a una velocidad infinitamente alta, el efecto del movimiento en el tiempo desaparece.

Todo lo que hemos dicho hasta ahora también se aplica a los otros cuatro puntos que participan en el experimento, con la diferencia de que, para ellos, el tiempo de retraso será mayor a una hora, porque están más alejados. Si continuamos el análisis en esta dirección, entenderemos que los resultados que obtuvimos son ciertos para la infinidad de puntos posibles de la realidad. Pero entonces se aplica el principio:

Las cosas que se mueven con una velocidad finita, hasta cierto punto de la realidad, se mueven desde el *pasado* del punto, hasta el *presente* del punto.

Un ejemplo típico de esto es cuando una persona observa el cielo estrellado por la noche. Está salpicado de una gran cantidad de estrellas. Están muy lejos del planeta Tierra, el hombre ve la luz que emiten los objetos espaciales, la luz que emiten estos objetos se traslada a la tierra cientos de miles, decenas de millones, billones de años luz. Esto significa que la luz que ve el hombre fue emitida, enviada a la Tierra, hace cientos de miles, decenas de millones, billones de años luz. El hombre ve el pasado de estos objetos cósmicos. Y esta luz pasa del pasado del hombre, al presente del hombre, que observa el cielo estrellado. Esta luz se mueve simultáneamente en el espacio y el tiempo. Y esto no sorprende a nadie. Personalmente, creo que esta es una imagen bastante extraña y divertida del presente, y debería causar una impresión especial en las personas que se dedican a estos estudios científicos, pero este no es el caso, y lo más probable es que haya razones que hagan que estos hechos y fenómenos, bastante normales y cotidianos. Por lo tanto, solo una minoría de personas está interesada en él. Esta es la forma en que debe ser. Por qué esto es así es un problema filosófico extremadamente complejo que tiene implicaciones para una teoría del conocimiento humano y una teoría de la reflexión.

Ahora necesitamos entender qué sucede cuando las señales viajan desde el punto (A) a los otros cinco puntos.

En un momento determinado (t_0), por ejemplo a las siete de la mañana, el punto (A) envía cinco señales de radio idénticas a los otros cinco puntos. Las señales de radio viajan a la velocidad de la luz y deben proporcionar una comunicación universal.

Ver figura 46.

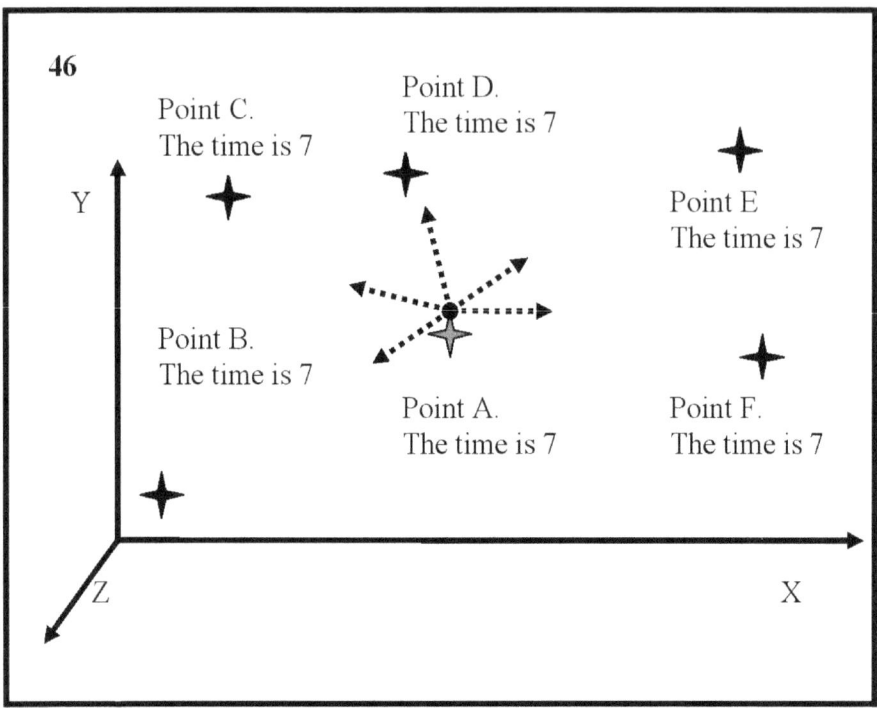

La figura 46 muestra que a las siete en punto el punto (A) envía cinco señales de radio idénticas a los cinco puntos. El envío de las señales de radio es un evento que ocurre a las siete en punto. El *presente de* siete horas de *toda* Una Realidad Infinita. Las señales de radio llevan el mensaje de que fueron enviadas a las siete. Las señales de radio viajan a los cinco puntos a la velocidad de la luz. Después de un tiempo, por ejemplo una hora, a las ocho en punto, la señal que se envió desde el punto (A) llegará al punto más cercano (D).
Ver figura 47.

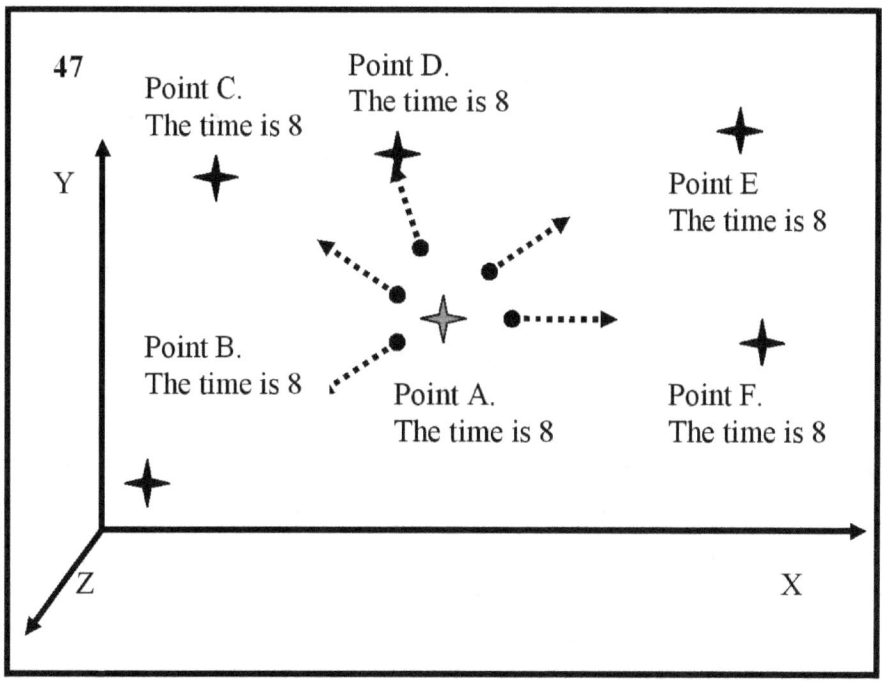

En la figura 47 se muestra el punto (A) y los cinco puntos de realidad involucrados en el experimento. Son las ocho en punto. Las ocho en punto es el *presente* de *toda* Una Realidad Infinita. En ese momento, la señal enviada desde el punto (A) llega al punto (D). La señal enviada por el punto A se envía para probar que el punto (A) está en el presente del punto (D). La señal indica que el presente en el punto (A) son las siete. Pero, para el punto (D), el presente son las ocho. Para el punto (D), el presente "siete en punto" ya está en el pasado. Una vez más vemos que el presente en el punto (D) es diferente del presente en el punto (A).

aparece nuevamente una corriente en el punto (A) que es diferente de la corriente en el punto (D) . Ya hemos dicho que en las ciencias humanas el presente es por definición uno solo. No es posible que haya más de un presente. Los resultados del experimento muestran que la velocidad de la luz, que es finita, no puede actuar como una velocidad infinitamente grande. La conclusión es que la velocidad de la luz no se puede utilizar para garantizar la conexión universal entre las cosas.

No olvidemos que hay otro problema.

El presente en el punto (D) son las ocho. La señal que llega se envió a las siete. Las siete en punto es hora *pasada* para el punto (D). La señal se envía desde el *pasado* en el punto (D), y llega al *presente* en el punto (D). Para un punto (D), la señal se mueve desde el punto *pasado* (D) hasta el punto *presente* (D). El movimiento del tiempo vuelve a aparecer. Esto es para el punto (D).

Pero, tenemos que comprobar qué sucede con el punto (A).

El punto (A) envía cinco señales idénticas a las siete en punto. Las siete en punto es el *presente* en el punto (A). La señal enviada al punto (D) llegará a las ocho. Las ocho en punto es el futuro del punto (A). La señal se envía desde el *presente* en el punto (A) - siete en punto, al *futuro* en el punto (A) - ocho en punto.

La señal se mueve del *presente* al *futuro*, y esto se llama movimiento del tiempo. La señal se mueve simultáneamente en el tiempo y el espacio. El movimiento en el tiempo se produce porque la velocidad de la luz es finita, limitada. Si la señal se mueve a una velocidad infinitamente alta, el efecto de movimiento en el tiempo desaparece.

Todo lo que he dicho hasta ahora también se aplica a los otros cuatro puntos que participan en el experimento, con la diferencia de que, para ellos, las señales enviadas desde el punto (A) llegarán incluso más tarde, que es en un futuro lejano, porque son lejos. Si continuamos el análisis en esta dirección, entenderemos que los resultados que obtuvimos son ciertos para la infinidad de puntos posibles de la realidad. Pero entonces se aplica el principio:

Las cosas que se mueven con una velocidad finita, desde un cierto punto de la realidad hasta un número infinito de puntos de la realidad, se mueven desde el *presente* del punto, hasta el *futuro* del punto.

Un ejemplo típico de esto es la persona que observa el cielo estrellado de la tarde. Él ve la luz que fue enviada por un obek, hace muchos años. El hombre decide iluminar el objeto espacial. Toma una potente linterna, la apunta al objeto espacial y la enciende. La linterna se enciende y el haz de luz comienza a moverse hacia el objeto espacial. El comienzo del haz de luz llegará al objeto espacial después de muchos años. El comienzo del rayo de luz se mueve desde el presente del hombre que observa las estrellas hasta el futuro de ese mismo hombre.

Realizamos dos experimentos y descubrimos que cuando se usan señales que se ven a la velocidad de la luz, se produce un movimiento simultáneo tanto en el tiempo como en el espacio. Además, definimos dos principios:

Primero

Las cosas que se mueven con una velocidad finita, hasta cierto punto de la realidad, se mueven desde el *pasado* del punto, hasta el *presente* del punto.

Segundo

Las cosas que se mueven con cierta velocidad finita, desde un cierto punto de la realidad, hasta el número infinito de puntos de la realidad, se mueven (señalan) desde el *presente* del punto, hasta el *futuro* del punto.

Ahora utilizaremos los dos principios ya través de ellos intentaremos analizar el pasado, el presente y el futuro de la Única Realidad Infinita.

Consulte la Figura 48 .

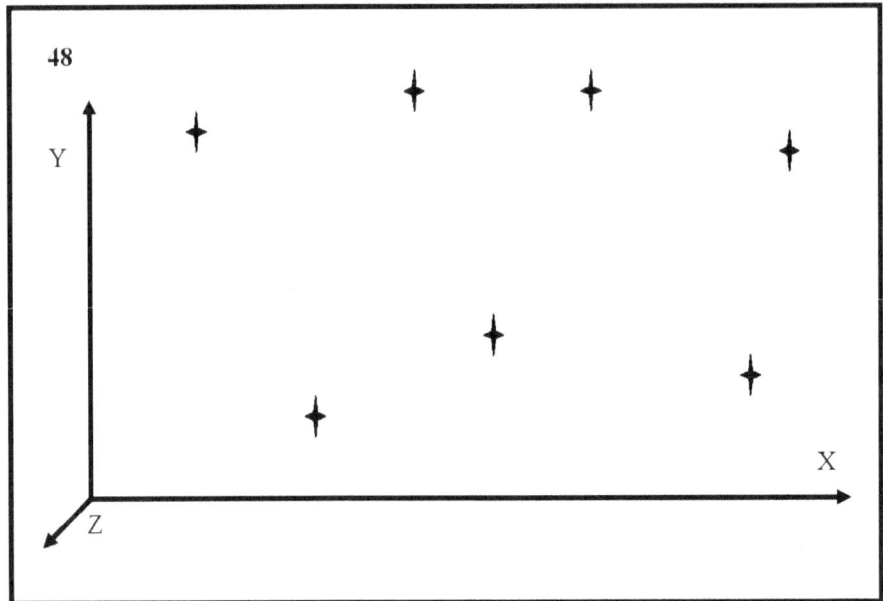

En la figura 48 se muestra un sistema de coordenadas (XYZ) y siete puntos. El sistema de coordenadas es infinitamente grande y abarca toda la realidad infinita. Por lo tanto, este sistema de coordenadas (XYZ) representa *toda la* **Realidad Única Infinita** . Ahora haremos una breve introducción al sistema filosófico de la lógica dialéctica, que representa la **Realidad Una Infinita** .

Aquí las cosas son un poco más complicadas y tenemos que usar categorías filosóficas para continuar el análisis. Las categorías están escritas en letras oscuras.

Área de definición:

La Única Realidad Infinita es un **fenómeno que existe objetivamente** y tiene **sustancia** .

La única Realidad Infinita es **una cualidad singular, singular** .

La única Realidad Infinita es el **efecto** de una **sola causa común.**

La única Realidad Infinita está en la **unidad.**

La Única Realidad Infinita es **completa** en el **tiempo** .

La Única Realidad Infinita está **completa** en **el espacio** .

La Única Realidad Infinita posee un número infinito **de partes posibles.**

Cada **parte posible** de la Única Realidad Infinita es **un todo** en **relación** a sí misma.
parte entera infinitesimal de la Única Realidad Infinita se denota por **la categoría** de punto.

En esta etapa del análisis que estamos haciendo, eso es suficiente.

Ya sabemos cómo se verá la Realidad Única Infinita cuando cualquier señal se mueva a una velocidad finita desde la Realidad Única Infinita hasta algún punto particular de la Realidad Única Infinita.

Ver figura 49.

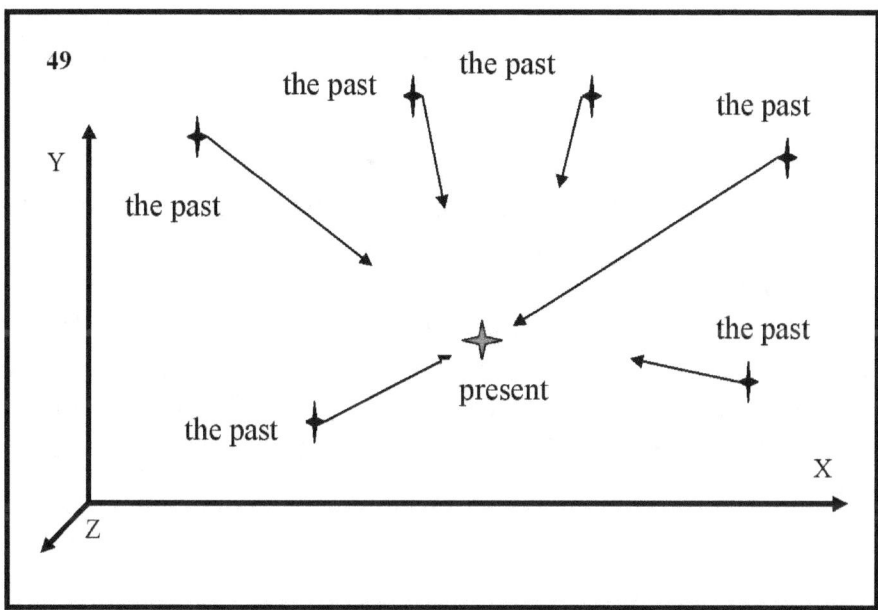

En la Figura 49, se muestra que cuando cualquier señal se mueve a una velocidad finita desde la Realidad Única Infinita hasta algún punto particular de la Realidad Única Infinita, este es un movimiento del pasado al presente de la Realidad Única Infinita. ¿Qué sucederá cuando las señales se muevan a algún otro punto elegido arbitrariamente?

Consulte la Figura 50.

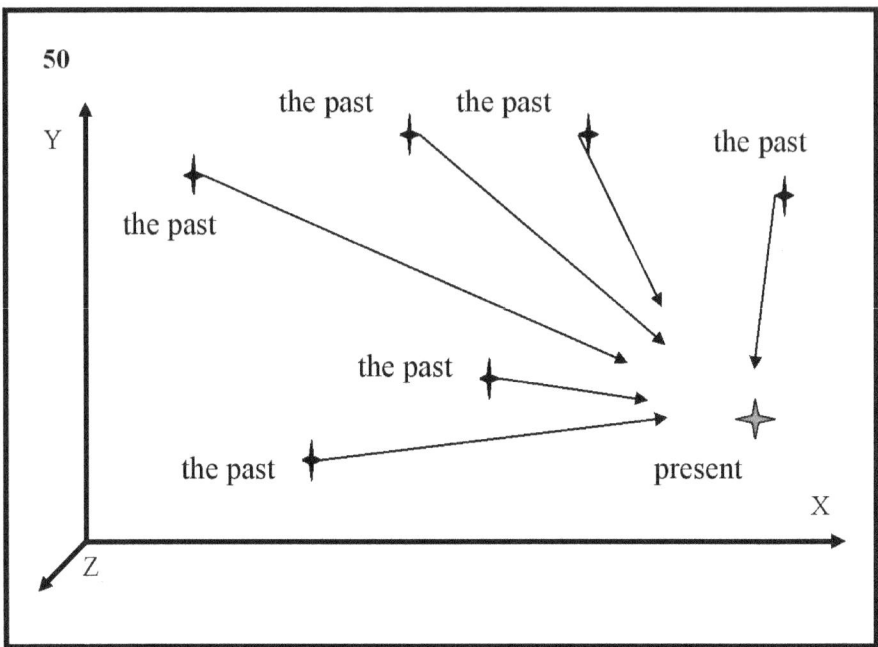

En la Figura 50, se muestra cómo se verá la Realidad Infinita Única cuando las señales se muevan a otro punto elegido arbitrariamente.

Ahora necesitamos mostrar cómo se verá la Realidad Única Infinita cuando algunas señales (cosas, objetos) se muevan a una velocidad finita desde algún punto particular de la Realidad Única Infinita a varios puntos que son partes de la Realidad Única Infinita.

Ver figura 51.

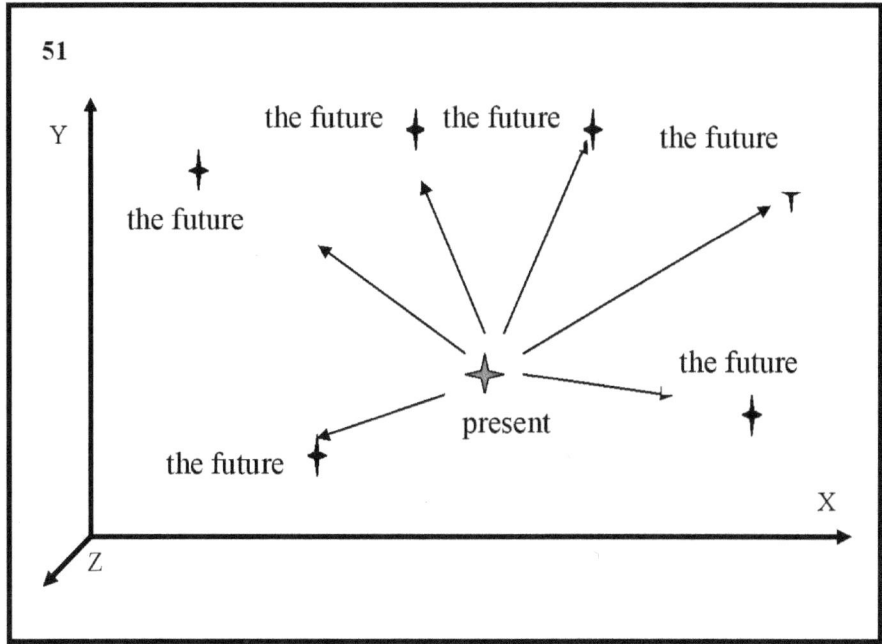

En la Figura 51, el pasado y el presente se muestran cuando algunas señales se mueven a una velocidad finita, desde algún punto particular de la Realidad Única Infinita, a varios puntos que son partes de la Realidad Única Infinita.

Veamos qué sucede cuando las señales se mueven desde algún otro punto elegido arbitrariamente a diferentes puntos que son partes de la Realidad Única e Infinita.

Ver figura 52.

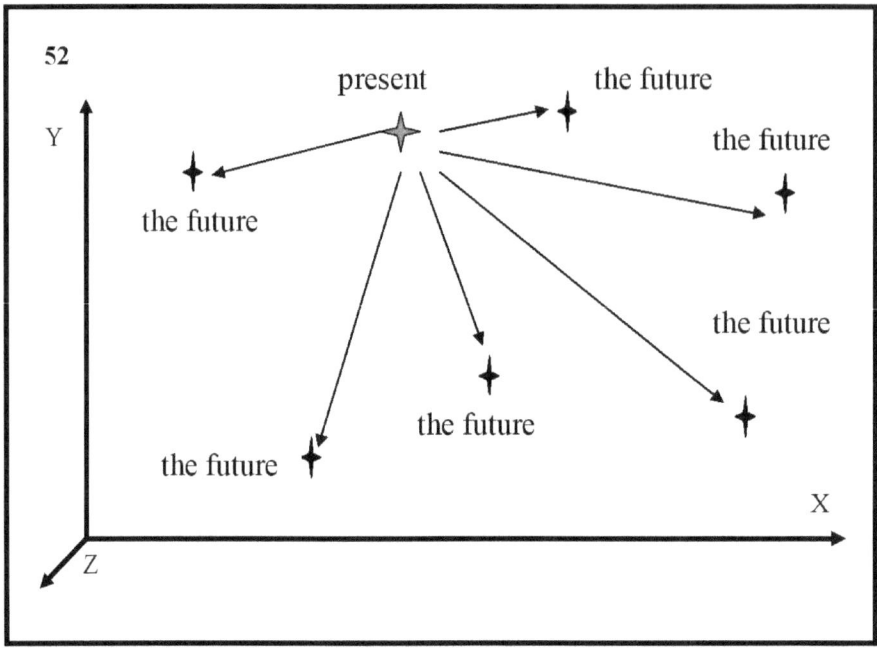

En la Figura 52, uno puede ver lo que sucede cuando las señales se mueven desde algún otro punto elegido arbitrariamente a diferentes puntos que son partes de la Realidad Única e Infinita.
De las últimas cuatro figuras se puede ver que los puntos que pertenecen a la Única Realidad Infinita están en el futuro, o en el presente, o en el pasado, y esto depende de la dirección de la señal que se propaga a una velocidad finita.
Definimos condicionalmente que el conjunto de puntos pertenece al objeto físico estudiado (el objeto estudiado es la única realidad infinita), y su aparición en la realidad presente, como *un todo*, es posible solo como la aparición de todo el conjunto de puntos que aparecen como *partes de un todo* particular. Resulta que, en un momento preciso en el tiempo t_0, *las partes* del *todo* están simultáneamente en el *pasado* y en el *futuro*, pero en ningún caso en el *presente*, a excepción del punto único, por ejemplo el punto (A).
Este cuadro paradójico surge a raíz de la definición física de simultaneidad impuesta por Einstein, a través del segundo Principio de la Teoría Especial de la Relatividad, que declara que

la velocidad de la luz es una cantidad constante, constante, y al mismo tiempo, como una velocidad que **"cumple físicamente el papel de gran velocidad infinita"** en la Realidad Única Infinita. A través de esta limitación se define el concepto de simultaneidad en la ciencia moderna, que sufre serias críticas, desde posiciones puramente cognitivas.

Desde un punto de vista filosófico, la categoría *todo* denota un fenómeno, cuya esencia consiste en la continuidad indivisible reflejable, de la apariencia objetiva de la cosa, en el tiempo y en el espacio.

Resumiendo lo dicho, es forzosa la conclusión de que la realidad es única, y por lo tanto ésta es la razón de que aparezca, *entera* en el *presente* del espacio, y *entera* en el tiempo *presente* .

Este hecho, este fenómeno, en su esencia profunda, impone la necesidad de esclarecer cuál es el mecanismo por el cual se hace posible la integridad de cualquier cosa, primero en el tiempo y luego en el espacio. En relación con el tiempo, el fenómeno " *todo* " requiere la existencia de interacción a una velocidad infinitamente alta, entre *las partes* del *todo único* . Si asumimos que esta acción mutua tiene lugar a alguna velocidad menor que infinitamente grande, entonces crearemos una idea de alguna realidad física que será de naturaleza relativa, en el sentido de las ideas de Einstein presentadas en la Teoría Especial de la Relatividad. En tal realidad, las diversas *partes* del *todo* estarán en el *pasado* o en *el futuro* , *y sólo una parte* infinitesimalmente pequeña contra la cual se cuenta el tiempo estará en el *presente* . En este caso, no podemos afirmar que la cosa que hemos analizado es *completa* . Hay una posible objeción a la conclusión que hemos sacado, objeción que en su esencia profunda, y presentada en forma abreviada, sonará así:

" *El todo* aparece como un *todo* simultáneamente en el *pasado* , el *presente* y el *futuro* ".

Deliberadamente escrito de esta manera solo muestra su

fracaso lógico, cognitivo y puramente objetivo (contradicción). Los fenómenos *pasado* , *presente* , *futuro* son objetivamente **no simultáneos** , y esta es su esencia más profunda. Es bastante claro que el concepto de simultáneo es inaplicable a las categorías *pasado* , *presente* y *futuro* , y la razón de ello es que, por definición , el *pasado* , el *presente* y *el futuro* son fenómenos necesariamente designados como no simultáneos.

En nuestro análisis, no consideraremos la esencia de los fenómenos *pasados* y *futuros* , y enfatizaremos el requisito inequívocamente firme de que el *presente* de cualquier *todo particular* es necesariamente simultáneo, lo cual es un caso particular de una necesidad general e inevitable que posee las condiciones necesarias para fundamentarse como Principio:

Todo **Una Realidad Infinita aparece simultáneamente en el** *presente* .

Volviendo al requisito indicado al comienzo de nuestra presentación, para la existencia de una velocidad de movimiento infinitamente grande, debemos enfatizar explícitamente que la ciencia física moderna no es capaz de definir categóricamente y sin ambigüedades el portador de tal interacción, o más precisamente, es incapaz de señalar tal conexión universal entre las cosas como posible causa de su aparición simultánea como *partes* de un *todo* realidad *actual*

Nota:

Decidí escribir esta nota justo antes de que se publicara el artículo. Esto se debe a que tengo dudas sobre el pasado, el presente y el futuro.

Hay consideraciones filosóficas, como resultado de las cuales, sospecho, es posible que aparezcan hechos completamente nuevos y descubrir en principio otros fenómenos que existen en la realidad objetiva. Cuando eso suceda, todo lo que he dicho, pensado y escrito, pasado, presente y futuro, será un error. Cuando eso suceda, el presente no será uno, el futuro no será uno, el pasado no será uno.

La cantidad de presente diferente (plural) será infinitamente grande.

La cantidad de futuros diferentes (plural) será infinitamente grande.

La cantidad de diferentes tiempos pasados (plural) será infinitamente grande.

Hay una enorme cantidad de trabajo por hacer en esta área de investigación. Lo más probable es que esto lo hagan personas que aún no han nacido.

Por lo tanto, en esta etapa del desarrollo de la ciencia humana, lo que dije sobre el pasado, el presente y el futuro es una verdad relativa.

8. MOVIMIENTO CON VELOCIDAD INFINITA. SIMULTANEIDAD OBJETIVA.

Respaldo categóricamente la idea de que toda cosa concreta existe en la realidad, a través del fenómeno del ***movimiento a una velocidad infinitamente alta*** . Esto significa que alguna acción aplicada a todo el asunto ahora y aquí hace que aparezca un efecto de vez en cuando. Esta idea es de particular importancia y necesita ser comentada:

Si el ahora y el aquí es la causa del ahora y el allá, esto demuestra que no es posible distinguir entre el aquí y el allá, en términos de tiempo, que a su vez es simultaneidad absoluta. Esta simultaneidad posee las propiedades de la simultaneidad lógica, pero a diferencia de ella posee esencias causales.

Siempre es necesario distinguir entre la simultaneidad lógica, en la que no existe una relación de causa y efecto entre los acontecimientos que suceden, y la simultaneidad lógica absoluta, en la que se reflejan claramente la causa y los efectos del todo.

Un ejemplo típico de simultaneidad lógica es el fenómeno "Marco de referencia inercial", que, según la propuesta de Einstein, ocupa un lugar especial en la física moderna y en la Teoría Especial de la Relatividad. Cuando habla de marcos de referencia inerciales, asume implícitamente que existen independientemente unos de otros, simultáneamente en toda la realidad. Es precisamente esta hipótesis oculta la que permite construir y crear la Teoría Especial de la Relatividad. Esto es muy importante. Debe saberse que si no es así, la propia Teoría Especial de la Relatividad es imposible. El punto es que el primer principio de la Relatividad Especial, que establece que las leyes de la física son invariantes con respecto a los marcos de referencia inerciales, es imposible sin la existencia paralela, simultánea, independiente, sin causa y absoluta de tales sistemas de coordenadas.

Este es un ejemplo típico de la ausencia de causalidad de las cosas coexistentes, y representa uno de los casos de simultaneidad lógica.

El segundo caso de simultaneidad lógica difiere en que la causa y el efecto están presentes en la interacción del todo. Este es el elemento más importante de nuestra hipótesis, y debemos enfatizarlo.

En este sentido, indicaremos varias declaraciones de principio sobre los posibles requisitos para la existencia de límites para resolver el problema en cuestión:

primero _

No hay necesidad, entiéndase ley, que exige la simultaneidad para obligar, fijar, limitar, determinar y definir, con el concepto de velocidad. Esto se debe a que el concepto mismo de velocidad se define como una relación entre la trayectoria y el tiempo, donde el tiempo y la trayectoria se establecen mediante cantidades que cambian sucesivamente, y cada valor posterior no es simultáneo con el anterior.

Segundo.

No hay necesidad, entiéndase ley, que exija la simultaneidad para estar ligada a la existencia o inexistencia de un sujeto.

Tercera.

No es necesario definir la simultaneidad por medio de la velocidad siempre constante e independiente de la dirección de un haz de luz, lo que hasta la fecha es un hecho empírico, firmemente establecido, que tiene muchos oponentes.

Cuatro.

No hay necesidad de prohibir el reflejo, establecimiento, registro, del fenómeno de la simultaneidad, de hechos ya ocurridos, hechos pasados.

Quinto.

No hay necesidad, prohibiendo el fenómeno de la simultaneidad objetiva, de ser la razón del surgimiento de una idea, en la mente del sujeto, de la simultaneidad absoluta.

Las proposiciones así enunciadas, en número de cinco, ofrecen un "conocimiento" de la realidad en forma axiomática, lo que exige una verificación continua suponiendo lo contrario. El rechazo de cualquiera de las cinco proposiciones será la causa del rechazo, y por tanto de la prueba del fracaso, de la falsedad de toda nuestra hipótesis en cuanto a la existencia de la simultaneidad absoluta de la Única Realidad Infinita.

Aquí y ahora tenemos que señalar, prestar atención, que la hipótesis de la simultaneidad absoluta de ninguna manera rechaza la idea de la relatividad, la relatividad del Tiempo mismo. Por el contrario, se crea una oportunidad para el enriquecimiento del contenido y desarrollo de estas ideas, lo que a su vez permitirá el surgimiento de representaciones más completas y verdaderas de la Realidad Una Infinita objetiva.

El análisis en esta dirección permitirá definir nuevos conceptos básicos, extremadamente importantes en la ciencia moderna, y someterse a análisis y llenar con otro contenido conceptos ya conocidos.

Éstos son algunos de ellos:

Tiempo absoluto, tiempo relativo, paso del tiempo, velocidad del paso del tiempo, temporalidad, diferencia de velocidad en el paso del tiempo, que es un gradiente de temporalidad, no simultaneidad de eventos necesariamente simultáneos, simultaneidad absoluta, simultaneidad relativa, Pasado, Presente , Futuro, y su unidad, Tiempo, tipos de Tiempo, tiempo físico, tiempo lógico, tiempo dialéctico, medida del Tiempo, medida del Tiempo, metro del Tiempo, tipos de metros, tipos de relojes, velocidad de medida del tiempo.

En esta dirección, se revelan a la filosofía y la física enormes oportunidades para el desarrollo y la creación de nuevas hipótesis fundamentales sobre la esencia del fenómeno de la Realidad Única e Infinita.

Los resultados de esta actividad son difíciles de predecir, pero en cualquier caso tenemos razones suficientes para creer que serán muy impresionantes.

Volviendo al inicio de nuestra presentación, tenemos que enfatizar una vez más que la ciencia de la Física se enfrenta a un enigma fundamental cuando define sus conceptos básicos relacionados con la idea de la existencia de la "Acción a Distancia", interacción no local. . El problema particular de las Ciencias Naturales modernas es que aún no se ha descubierto el portador de la "acción a distancia", que, si usamos conceptos puramente físicos, debe aparecer como una especie de campo que hace posible la propia acción a distancia, y por lo tanto hace posible la definición de la categoría **velocidad de propagación infinitamente grande** de algo, muy probablemente alguna señal. En este sentido, es necesario aportar claridad a la noción de movimiento con **velocidad infinitamente alta** . Hay consideraciones que muestran que el juicio de tal movimiento es incorrecto. El problema se reduce a la esencia del fenómeno del movimiento y del fenómeno de la velocidad.

9. MOVIMIENTO CON VELOCIDAD INFINITA. FENÓMENO Y ESENCIA.

El movimiento en general es algún cambio general, universal, infinitamente general, de las cosas en la realidad objetiva. El movimiento y el cambio son *fenómenos.* y tener *sustancia* . Ver en Internet: Dialéctica, Hegel, "Fenomenología del Espíritu".

La esencia del fenómeno del movimiento y del fenómeno del cambio es que estos son procesos que existen objetivamente y son reflexivos. Ver en línea: Todor Pavlov, "Teoría de la reflexión". Digo esto porque en la ciencia y la filosofía existen otras hipótesis que afirman que la realidad se encuentra en un estado de reposo eterno. Creo que eso es difícil de defender, y supongo que no es cierto.

En el análisis que realizamos, el fenómeno del movimiento y el fenómeno del cambio difieren según la *magnitud* del proceso que se lleva a cabo.

La esencia del fenómeno del movimiento en general es que es un proceso que tiene lugar continuamente en la Realidad Única Infinita. Este proceso no tiene principio ni fin en el tiempo, ni principio ni fin en el espacio.

La esencia del fenómeno del cambio es un proceso que tiene un principio y un final en el tiempo, y tiene un principio y un final en el espacio.

Esto significa dos cosas muy importantes:

Primero.

Con el tiempo, *el proceso de cambiar* algo siempre comienza en algún momento (t_{start}) y termina en algún otro momento (t_{end}). En el tiempo, el proceso de cambio se realiza de manera gradual, secuencial y abarca todos los momentos de tiempo que se ubican, entre un momento de tiempo (t_{start}), y un momento de tiempo (t_{end}), entre el inicio y el final del proceso en el tiempo .

La cantidad de momentos de tiempo contenidos entre momento de tiempo (t_{start}) y momento de tiempo (t_{end}) es infinitamente grande. Esto significa que el proceso es continuo.

Segundo.
En el espacio, *el proceso de cambiar* algo siempre comienza en algún punto del espacio, por ejemplo, el punto (A), y siempre termina en algún otro punto del espacio, por ejemplo, el punto (B). En el espacio, *el proceso de cambio se* lleva a cabo de manera gradual, secuencial y abarca todos los puntos que se encuentran en la línea que conecta el punto (A) y el punto (B). La cantidad de puntos que se encuentran en la línea que conecta el punto (A) y el punto (B) es infinitamente grande. Entonces la línea (A)B, es un espacio continuo, unidimensional, y luego, el proceso de cambio es continuo. Dicho así, también es cierto para el espacio bidimensional, tridimensional y (N)-dimensional, donde: (N =4;5;6...∞).

Lo que he dicho es una introducción en la que se presentan conceptos básicos, dependencias y conocimientos necesarios para el análisis del fenómeno del *movimiento con velocidad infinitamente alta* .

Cuando el fenómeno del cambio existe en el tiempo y el espacio, siempre puede ser *reflejado* por el *sujeto* . Ver en Internet: Académico Todor Pavlov, "Teoría de la reflexión".

En el análisis que haremos, utilizaremos los siguientes conceptos:

El sujeto es el observador.

Observar, mirar, ver y medir son todas formas de **reflexión** .

Haremos un experimento que involucre a un observador con un reloj ubicado en un sistema de coordenadas.

Ver figura 5 3 .

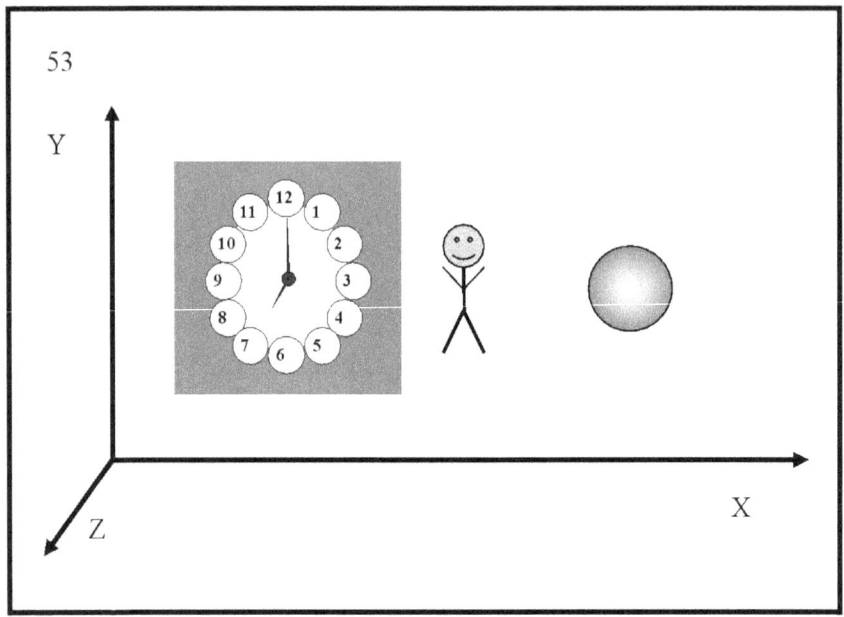

53

En la figura 53 se muestra un observador, un reloj y una esfera, los cuales se encuentran ubicados en un sistema de coordenadas (XYZ). El sistema de coordenadas define un espacio tridimensional en el que se desarrollarán los hechos, se realizará el experimento.

La esfera frente al observador es estacionaria y tiene un radio específico bien definido. Esto significa que la esfera está ubicada en una parte definida con precisión del espacio y que la esfera contiene dentro de sí misma una cierta cantidad de espacio. El reloj del observador marca las siete en punto, y justo en ese momento, la esfera frente al observador comienza a aumentar en radio. La esfera crece gradualmente, uniformemente. El observador ve el cambio que tiene lugar frente a él.

Diez minutos después, la esfera es el doble de grande.

Ver figura 54 .

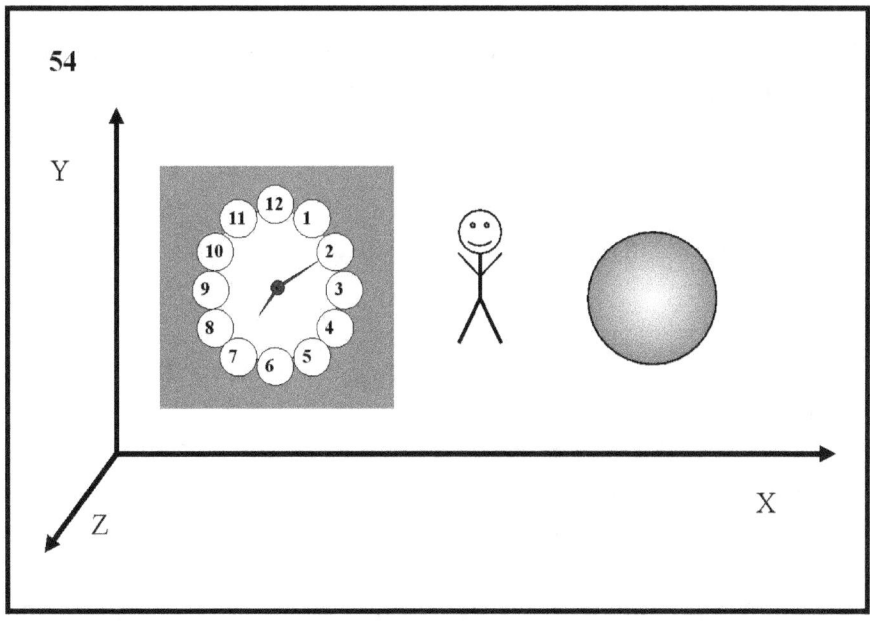

En la figura 54 se ve que el reloj marca las siete y diez, y la esfera es el doble de grande.

El proceso de cambio continúa. La esfera sigue aumentando de tamaño.

Consulte la Figura 55 .

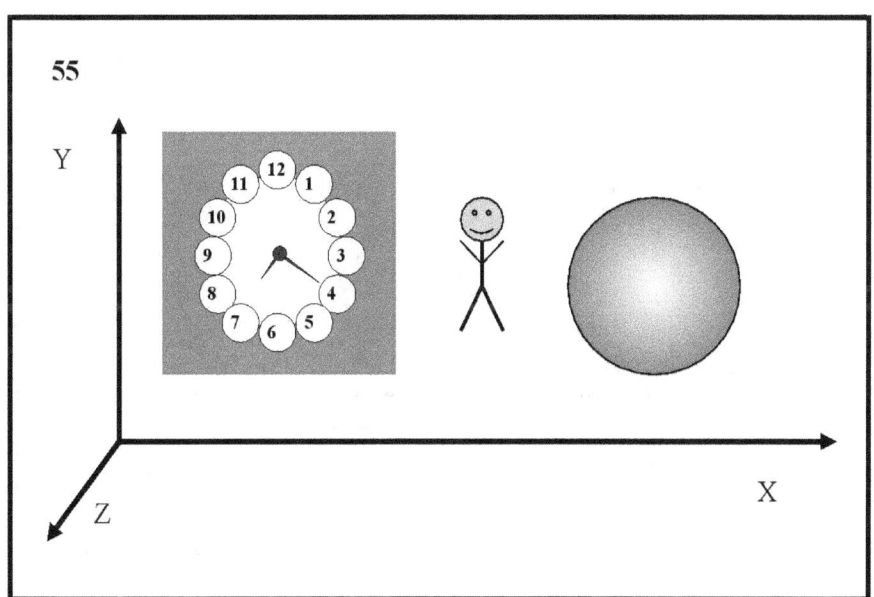

La figura 55 muestra que la esfera es aún más grande. El reloj marca las siete y veinte, y justo en ese momento, la esfera deja de crecer.
El proceso de cambio ha finalizado. El fenómeno del cambio desaparece.
Y ahora, hago la pregunta: cuando el cambio desaparece, ¿qué queda en su lugar?
Responder:
En el lugar del cambio permanece la diferencia. La diferencia en las dimensiones de la esfera.
Al principio decía que el fenómeno del cambio es un proceso, y siempre es alguna forma de movimiento.
El fenómeno de la diferencia, en las dimensiones de la esfera, es un estado, y es siempre alguna forma de reposo.
Entonces, apareció una diferencia, y ahora tenemos que averiguar, ¿dónde está? ¿Dónde se encuentra esta diferencia?
Para encontrar la diferencia seguiremos el experimento una vez más, de principio a fin, y no usaremos reloj.
Ver figura 56

La Figura 56 muestra el sistema de coordenadas (XYZ), un observador y la esfera frente a él. No necesitamos un reloj. La esfera comienza a crecer.
Ver figura 57.

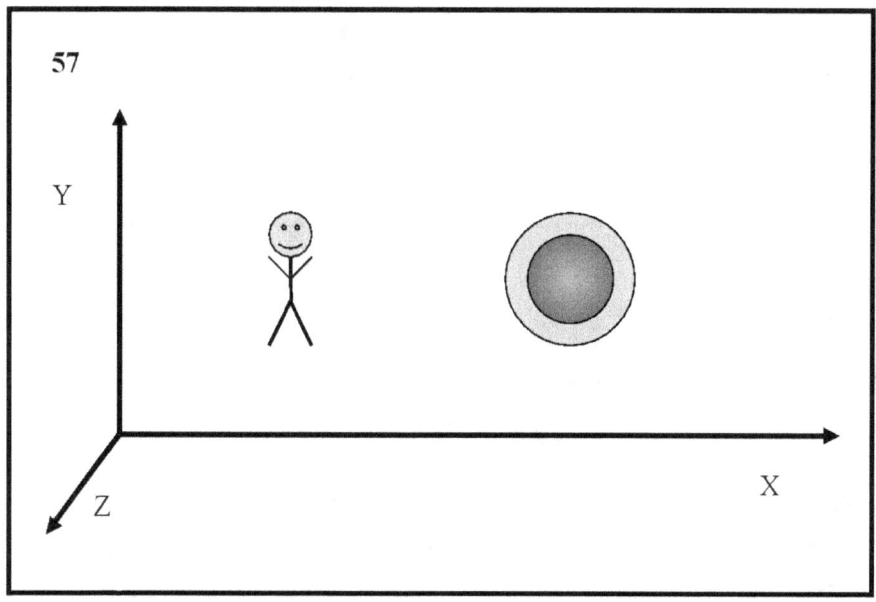

La Figura 57 muestra al observador mirando la esfera. En la figura se muestran dos esferas. Esfera grande , gris claro. Esfera pequeña, gris oscuro. La esfera grande es lo que el observador ve frente a él a medida que la esfera crece.
A medida que la esfera crece, el observador no ve la pequeña esfera. La esfera pequeña queda escondida dentro de la grande. La esfera pequeña es del tamaño de la esfera cuando aún no ha comenzado a expandirse. Pero, al comienzo del experimento, el observador vio la pequeña esfera y **recordó** las dimensiones de la pequeña esfera.
La esfera sigue creciendo.
Ver figura 58.

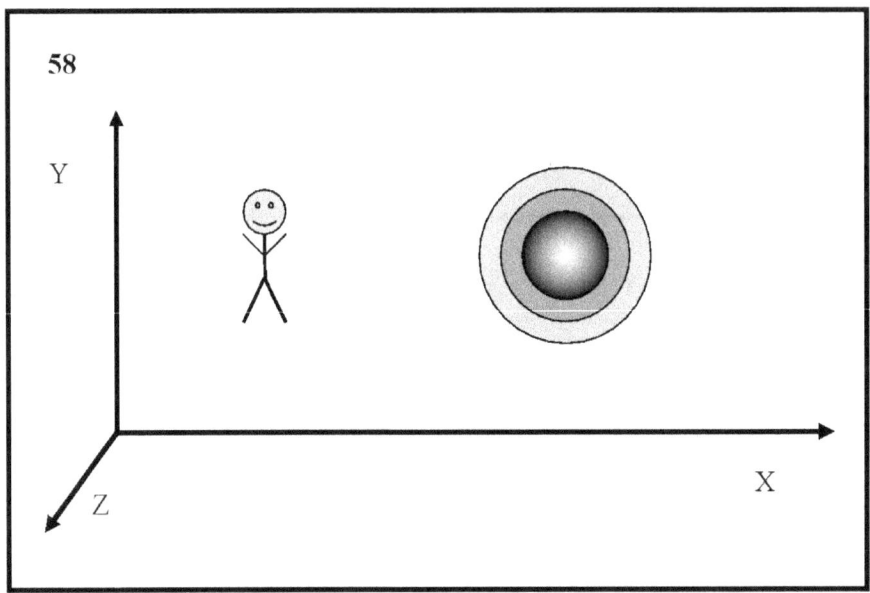

58

En la figura 58 se muestra el sistema de coordenadas (XYZ) y el observador mirando la esfera. En la figura se muestran tres esferas.
El primero, el más grande, es gris claro, el segundo es gris más oscuro y el tercero es gris más oscuro.
La esfera más grande, la de color gris claro, muestra el estado actual de la esfera, este es el estado actual que ve el observador. Las dos pequeñas esferas de color gris oscuro no son visibles. Son el estado inicial en el tamaño de la esfera y un estado intermedio en el tamaño de la esfera.
La esfera deja de crecer.
Ver figura 59.

EL SEGUNDO ERROR DE EINSTEIN

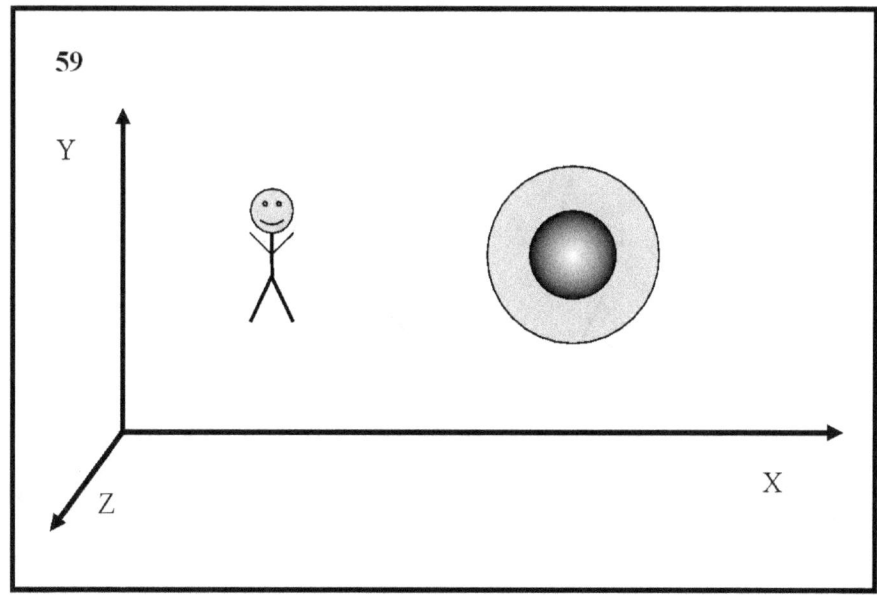

59

La Figura 59 muestra el sistema de coordenadas (XYZ) y el observador mirando la esfera. La esfera no cambia.
En la figura se muestran dos esferas.
El gran gris claro es lo que el observador ve frente a él.
La pequeña esfera, la de color gris oscuro, es el estado inicial que el observador no ve.
El observador no ve la pequeña esfera, pero el observador **recuerda** y **conoce** sus dimensiones. El observador realiza un análisis mental de lo que vio. En su conciencia, el observador compara los tamaños de las dos esferas, la pequeña y la grande, y así crea **una idea** de la **diferencia** .
Consulte la Figura 60 .

En la figura 60 se muestra el sistema de coordenadas del observador (XYZ) y **la diferencia** entre la esfera grande y la esfera pequeña. **La diferencia** se muestra como un anillo negro que se coloca frente al observador.

El observador imagina la **diferencia** y reflexiona sobre ella. Podemos decir que la noción de diferencia reside dentro de la cabeza del observador, donde puede ser analizada.

El observador realiza un análisis y se da cuenta de que el radio determina el volumen de la esfera. El volumen de la esfera ocupa una cierta parte del espacio de la realidad. La relación entre el radio de la esfera, el volumen de la esfera y el espacio es lineal y directamente proporcional.

A medida que aumenta el radio, también lo hace el volumen de la esfera. A medida que aumenta el volumen de la esfera, también aumenta la cantidad de espacio contenido dentro del volumen de la esfera.

El observador conoce y recuerda el tamaño inicial de la esfera y el tamaño final de la esfera, y puede calcular la magnitud de la **diferencia** . La magnitud de la **diferencia de** volumen es igual al tamaño final de la esfera menos el tamaño inicial de la esfera.

Consulte la Figura 61.

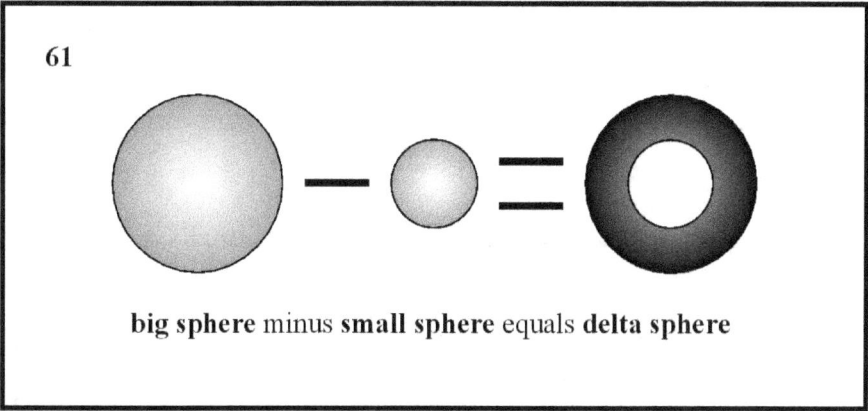

big sphere minus small sphere equals delta sphere

La Figura 61 muestra que en la mente del observador se realiza un análisis matemático, y la operación matemática resta:
grande esfera menos pequeña esfera es igual delta esfera , que es el diferencia _
El observador registra:

$$big(spfere) - smal(sphere) = \Delta sphere$$

Donde, delta esfera es un valor numérico, de la diferencia, en el volumen de la esfera.

$$\Delta sphere = difference$$

La resta da como resultado un símbolo numérico, un número, para la magnitud de la diferencia. El símbolo numérico para la magnitud de la diferencia es la cantidad de la diferencia. La cantidad de la diferencia representa el volumen de la diferencia. La cantidad del volumen de la diferencia contiene en sí misma una **cantidad de espacio definida con precisión.** De esta forma, el observador determina la cantidad de diferencia, que es una cierta *cantidad de espacio* .

Aquí es donde encontramos la diferencia. Está en la mente del espectador. La cantidad de diferencia es una idea de la **cantidad de espacio. La cantidad de espacio** es una abstracción en la mente del observador.

Ahora es el momento en que algún lector incrédulo e inquisitivo debe objetar que esto no es cierto, y que la diferencia no está sólo en la mente del espectador. La diferencia entre las dos esferas se encuentra dentro de la gran esfera.
Es bueno. Vamos a revisar. Podemos hacer que el observador corte la esfera en dos mitades iguales.
Consulte la Figura 62 .

Y vamos a ver lo que hay dentro.
Ver figura 63.

El observador separa las dos partes y debe mirar lo que hay dentro.
Ver Figura 6 4.

La esfera grande en el interior es densa, y no hay rastro de la esfera pequeña y de la diferencia.

Ver Figura 65.

La figura 65 muestra lo que vería un observador.
Sin embargo, justo al comienzo del experimento, había una pequeña esfera que el observador vio y recordó. Sí, así es, había una pequeña esfera. Pero, observe que, en la oración anterior, usé tiempo pasado. Esto es muy importante.
La pequeña esfera es cosa del pasado. Ahora en el presente, la pequeña esfera no existe. Está el recuerdo de una pequeña esfera. La memoria de una pequeña esfera es una idea de una pequeña esfera. La idea de una pequeña esfera está en la mente del observador. En la mente del observador también existe una idea de la gran esfera. El observador realiza la operación matemática de resta. De la idea de esfera grande, resta la idea de esfera pequeña. Se obtiene una **diferencia**. La diferencia es una abstracción, y no puede existir, en el presente de la realidad.
En este momento, el lector incrédulo e inquisitivo, una vez más, puede objetar que la diferencia puede lograrse con algún material adecuado. Entonces existirá en el presente.
Sí, así es, el observador conoce las dimensiones de la esfera pequeña y las dimensiones de la esfera grande. El observador

puede hacer una esfera hueca. La cavidad será del tamaño de la pequeña esfera. El tamaño exterior, con las dimensiones de los grandes. Si el observador corta la esfera hueca, verá la diferencia, verá la sección transversal de la diferencia. ¿¡Pero entonces **la diferencia** puede existir en el presente!?

No. No puede. Lo que hemos hecho es un **modelo** de diferencia. El patrón de diferencia, cuando se hace, realmente existe en el presente. Pero la verdadera **diferencia** radica, únicamente, en la mente del espectador.

En la siguiente etapa, al realizar el experimento, el observador quiere saber a qué velocidad apareció la magnitud de la cantidad de diferencia. Para calcular la velocidad, el observador debe conocer el tiempo durante el cual se produjo el cambio. Este es el intervalo de tiempo en el que se produjo la diferencia.

Al realizar el experimento, el observador utilizó un reloj, y conoce los momentos del tiempo. El observador dibuja un sistema de coordenadas con tres ejes.

Pero, en lugar del eje (X), el observador dibuja un vector de tiempo.

Sobre el vector tiempo, el observador coloca los instantes de tiempo que estaba mostrando el reloj.

Ver Figura 6 6.

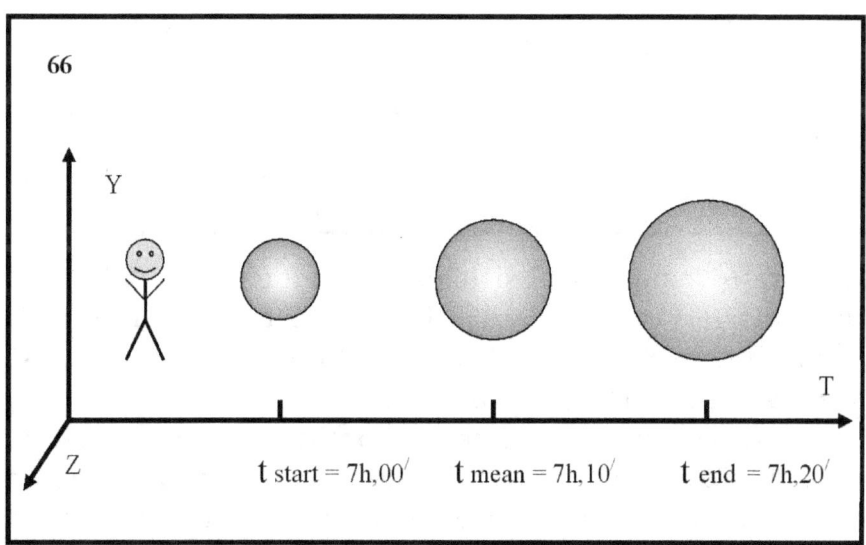

En la Figura 66, se muestran el observador y el crecimiento gradual y constante de la esfera a lo largo del tiempo. La esfera del medio se muestra para mostrar que la esfera crece gradualmente. Se muestra el sistema de coordenadas (XYT). El eje (X) se reemplaza por un vector de tiempo (T). El vector del tiempo (T) es una representación geométrica del fenómeno del tiempo, el eje del tiempo. En el eje geométrico del tiempo se muestran los momentos de tiempo que el observador vio en el reloj.

Está claro a partir de la figura que cuando la esfera cambia, el tiempo cambia con ella.

Ver figura 6 7 .

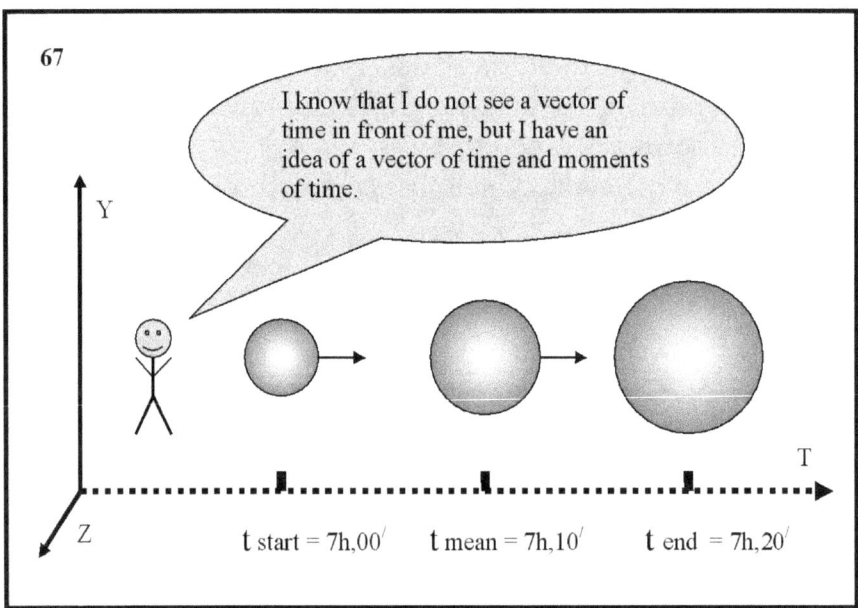

La figura 6 7 muestra el sistema de coordenadas (XY T), el observador, el tamaño inicial de la esfera, el tamaño medio de la esfera y el tamaño final de la esfera. El vector de tiempo (T) se muestra como una línea discontinua.

Este vector, dibujado con línea discontinua, difiere del vector geométrico del tiempo, el vector continuo de la figura anterior, la línea discontinua significa que no es visible, porque este vector es una imagen en la mente del observador. Es una abstracción, en el pensamiento del sujeto, del observador.

Los valores numéricos de los momentos de tiempo (t_{start}), (t_{end}) se muestran en el vector de tiempo.

El cambio de esfera comienza en un momento de tiempo (t_{start}) que tiene un valor numérico de siete en punto.
El cambio de esfera continúa en un tiempo intermedio, que tiene un valor numérico de siete y diez minutos y está en la mitad del intervalo de tiempo.

El cambio de esfera finaliza momentáneamente (t_{end}) que tiene un valor numérico de siete y veinte minutos.
El intervalo de tiempo que se encuentra entre el instante de tiempo (t_{start}) y el instante de tiempo (t_{end}) es la diferencia de tiempo. El observador conoce los valores numéricos de los instantes de tiempo. Esto significa que el observador tiene una idea de estos valores numéricos. Cuando el observador tiene una idea de los valores numéricos puede realizar el análisis matemático y la operación matemática de resta.
De la representación del valor numérico de un instante de tiempo (t_{end}), el observador resta la representación del valor numérico del instante de tiempo (t_{start}) y obtiene un resultado, que es la representación del valor numérico de la diferencia de tiempo. El observador realiza el cálculo y anota la expresión matemática:

$$t_{end} - t_{start} = \Delta t$$

Dónde:

(Δt) es el valor numérico de la diferencia horaria. El valor

numérico de la diferencia de tiempo es una cantidad de tiempo.
El valor numérico de la diferencia en el tiempo representa la cantidad de tiempo que tardó en aparecer el valor numérico de la diferencia en las dimensiones de la esfera, que representa la cantidad de espacio.

El observador quiere calcular la velocidad a la que crece la esfera en el espacio. Según la ciencia de la física, la velocidad del movimiento en línea recta es igual a la relación entre la distancia recorrida y el intervalo de tiempo.

$$\frac{x_2 - x_1}{t_2 - t_1} = \frac{\Delta x}{\Delta t} = V$$

Donde (V) es la velocidad de movimiento del cuerpo en línea recta. Esta es la definición de movimiento en línea recta.

Pero hay otros tipos de velocidades en la física:

Tasa de aumento o disminución de la temperatura, tasa de drenaje de agua de un depósito, tasa de aumento o disminución de la presión, tasa de aumento o disminución de la corriente que fluye en un cable, tasa de aumento o disminución del volumen de un globo o alguna esfera. , como en nuestro experimento. Probablemente se pueden citar otros ejemplos.

Lo importante a recordar es que en todos estos casos, la física moderna define la velocidad como el cociente, que es una relación matemática, entre el cambio de algo en relación con el intervalo de tiempo durante el cual se produjo el cambio. Esto significa que el cambio de cosa debe dividirse por el cambio de tiempo.

Esto es lo que dice la física moderna, y esta es una definición física del fenómeno de la velocidad. La definición física del fenómeno de la velocidad es correcta y hace un trabajo maravilloso de física científica. Pero desafortunadamente, las definiciones físicas no pueden usarse en el análisis filosófico que estamos haciendo. Necesitamos una definición más general y más precisa del fenómeno de la velocidad.

Hicimos un análisis muy detallado de un experimento de esfera en crecimiento. Como resultado del análisis, llegamos a una conclusión sobre la esencia del fenómeno de la velocidad. Entendimos que el fenómeno de la velocidad en la realidad objetiva se refleja en la conciencia del sujeto. Allí se crea una idea del fenómeno de la velocidad. El concepto de velocidad aparece como resultado de la relación de dos diferencias. La relación es entre la diferencia en el estado de las cosas y la diferencia en el estado del tiempo. Estas dos diferencias están en reposo. Las dos diferencias tienen un valor numérico definido, en la mente del hombre. Los valores numéricos son dos cantidades, de dos calidades diferentes. Las cualidades son **el espacio** y el **tiempo**. La velocidad es una relación de dos cualidades.

Cuando uso las palabras **cantidad** y **calidad**, les doy un significado específico. Ahora habrá que desviarse del análisis y aclarar de qué se trata y explicar algunas cosas importantes.

Cantidad y **calidad** son categorías filosóficas. Tenemos que entender lo que eso significa. Tendremos que usar métodos filosóficos. En estos casos, siempre se realiza un área de definición. El dominio definitorio son las reglas y el conocimiento que se aceptan como verdad.

La ciencia de la filosofía consta de varias partes independientes. Una de estas partes se llama dialéctica, lógica dialéctica. Algunos argumentan que la dialéctica es una ciencia independiente. Puede que tengan razón.

En la dialéctica hay tres leyes básicas y pares de categorías. Las categorías son conceptos que tienen definiciones precisas. Las categorías se utilizan en parejas. A través de los pares de categorías se explica el funcionamiento de las tres leyes de la dialéctica. En este sentido, la dialéctica y la ciencia de la filosofía son ciencias extremadamente precisas.

La cantidad y **la calidad** son un par de categorías. Usaremos el par de categorías **cantidad cualidad** y la ley de los **cambios cualitativos cuantitativos.**

La ley dice:

Las acumulaciones cuantitativas conducen a cambios cualitativos.

Es suficiente por ahora. Esta fue el área de definición, comenzamos las aclaraciones.

Necesitamos entender cómo funciona la ley de los cambios **cualitativos cuantitativos** . Esto se hace más fácilmente dando ejemplos.

Ver figura 68.

En la Figura 68, se muestran un sistema de coordenadas (XYZ), un observador y un cuadro vacío frente al observador. La caja es de pelotas de tenis en una cancha. El observador mete una pelota en la caja.

Ver Figura 6 9 .

En la Figura 69, se muestran un sistema de coordenadas XYZ, un observador y una caja que contiene una pelota de tenis.
El observador dice:
"Puse una pelota en la caja".
Si la ciencia y la filosofía pudieran hablar, dirían:
"El observador metió en la caja, cantidad uno, del balón de calidad.
La unidad es la cantidad, la pelota es la calidad.
El observador coloca otra pelota.
Consulte la Figura 70.

En la figura 70, el observador ha colocado otra bola y dice:
"Hay dos bolas en la caja".
La filosofía dice:
"En la caja hay una cantidad de dos por bola de calidad"
Dos es cantidad, la calidad es una pelota. Bola es singular. No es correcto decir que la calidad son dos bolas.
El observador mete dos bolas más en la caja.
Ver Figura 7 1 .

La figura 71 muestra que la caja está llena de pelotas y no hay lugar para una más.

El observador dice: "Hay una caja llena de pelotas frente a mí".

La filosofía dice:

"Frente al observador hay una cantidad de una **caja de pelotas de calidad** ".

La cantidad es una, la calidad es una caja de bolas. Una caja de pelotas es una nueva cualidad.

El observador puede llenar una casilla más.

Ver Figura 7 2 .

La figura 72 muestra que hay dos cajas y el observador dice: "Hay dos cajas llenas de pelotas frente a mí"
La filosofía dice:
"Frente al observador hay una cantidad de dos, de calidad, una caja de pelotas".
Podemos seguir poniendo bolas y cajas, pero no tiene sentido. Lo importante es entender cómo funciona para el caballo las ganancias cuantitativas. Aumentar la cantidad de bolas en la caja hace que aparezca una caja llena de bolas. Una **caja** llena de pelotas es otra cualidad, una nueva cualidad. La vieja cualidad es una pelota.
Daré otro ejemplo. No usaré figuras.
El observador usa un microscopio y observa una sola molécula de agua.
El observador dice: estoy observando una molécula de agua.
La filosofía dice: observa una cantidad de uno por molécula de agua de calidad.
El observador observa dos moléculas de agua y dice:

Observo dos moléculas de agua.
La filosofía dice:
Observa una cantidad de dos por molécula de agua de calidad.
El observador observa diez millones de moléculas y ya las ve con el ojo, y no tiene que usar un microscopio.
El observador dice:
veo una gota de agua
La filosofía:
Ve una cantidad de uno de la calidad de una gota de agua.
El observador pone dos gotas de agua en un vaso y dice:
Veo dos gotas de agua.
La filosofía:
Ve una cantidad de dos de la calidad de una gota de agua.
El observador pone muchas gotas de agua en el vaso y el vaso se llena hasta arriba con agua. El observador dice:
Veo un vaso de agua.
La filosofía:
Ve cantidad de un vaso de agua de calidad.
El observador llena muchos vasos con agua y luego los vierte en un balde. Luego dice:
Veo un balde de agua.
La filosofía:
Él ve la cantidad de un balde de agua como calidad.
El observador llena cien baldes y dice:
Veo cien cubos de agua
La filosofía:
Cantidad cien por balde de agua de calidad.
El observador usa muchos cubos de agua y llena una piscina hasta el tope. Él dice
Llené la piscina.
La filosofía:
Cantidad uno, por piscina de calidad.
Luego, con muchas piscinas, se llena un lago. Luego, una gran presa se llena con muchos lagos. Luego, con represas de mogo, se llena un mar, luego con muchos mares, se llena un océano, etc.
¿Ves lo que pasó? Partimos de una molécula de agua y llegamos al

océano. Supongo que ya sabes quién dijo qué.

Hemos visto cómo al aumentar la cantidad aparecen nuevas cualidades. Y esa es la ley. Tal es la acción de la ley de **acumulaciones cuantitativas que conducen a cambios cualitativos.** El efecto contrario de la ley también está en vigor. Cuando la cantidad disminuye y se hace igual a cero, en ese momento desaparece la calidad.

Todo esto se llama lógica dialéctica. La lógica dialéctica es un modelo del pensamiento humano. Cuando una persona piensa, hace análisis y usa estas leyes, ya través de las categorías crea esquemas lógicos y conexiones. Lo hace inconscientemente.

Cuando la ciencia de la filosofía estudia el pensamiento humano, utiliza muy conscientemente categorías definidas con precisión, en formas definidas con precisión. Estas formas definidas con precisión se denominan leyes de la dialéctica.

Fin de la lección de filosofía. Ya sabemos bastante y tenemos una idea general de lo que significa **cantidad** y lo que significa **calidad** . Usaremos este conocimiento para analizar el fenómeno de la velocidad.

¿Qué dice la física?

la fisica dice:

" **La razón entre el cambio de la cosa y el cambio de tiempo es igual a la velocidad** ".

¿Que decimos?

Nosotros:

"La relación entre la cantidad de alguna cualidad y la cantidad de tiempo de calidad es igual a la velocidad".

Nuestra definición es mucho más general, más universal, más poderosa y, al mismo tiempo, más precisa. Nos aseguraremos de eso en un momento.

Cuando analizamos el crecimiento de la esfera, notamos el fenómeno de la diferencia y nos dimos cuenta de que la diferencia juega un papel importante en la definición del fenómeno de la velocidad. Ahora ya podemos decir que el valor numérico de la diferencia es exactamente lo que la filosofía llama la cantidad de alguna cualidad.

Podemos construir una expresión matemática para representar la velocidad.
Registramos:

$$\frac{(difference, in, quantity) of [qualiti(N)]}{(difference, in, quantity) of [qualiti(time)]} = V$$

Cual es:

$$\frac{(\Delta quantity) of [qualiti(N)]}{(\Delta quantity) of [qualiti(time)]} = V$$

Dónde:

(V) es la velocidad.
En el numerador de la fórmula, la **calidad** se marca con un índice (N).
Dónde:

($N = 1,2,3,4\ldots\ldots\ldots\infty$), tiende a infinito. Así, se puede observar que pueden existir diferentes **tipos de cualidades en el numerador**.

Y entonces, la relación entre las **cantidades** de dos **cualidades**, en la mente del hombre, es una idea de la cantidad física velocidad. Lo importante que hay que entender, saber y recordar es que el tiempo siempre se coloca en el denominador de la expresión matemática de la velocidad.

Siempre y sólo alguna **cantidad**, la **cualidad del tiempo**.

En el numerador se pueden colocar cantidades de diferentes calidades y se obtiene una fórmula para diferentes tipos de velocidad. Ya hemos dicho varios tipos de velocidad. Velocidad de subida o bajada de la temperatura, la temperatura es una cualidad. Tasa de salida de agua de un tanque, calidad del agua. Tasa de aumento o disminución de la presión que es una cualidad. En todos estos casos, el denominador es la cantidad de tiempo de calidad.

Ahora veamos cómo aparece la "velocidad infinitamente grande" del movimiento. Es necesario registrar:

$$\frac{\Delta quantity_{quality(space)}}{\Delta quantity_{quality(time)}} = V = \infty$$

Dónde:

(V) es una velocidad que es "infinitamente grande".
Esto es posible solo cuando, y solo cuando, el valor numérico, de la cantidad, de la calidad del tiempo, es igual a cero.

$$\Delta quantity_{quality(time)} = 0$$

Es necesario registrar:

$$\frac{\Delta quantity_{quality(space)}}{0} = V = \infty$$

Esta es la expresión matemática para el movimiento a una velocidad infinitamente alta. Tenemos que entender lo que eso significa. Ahora intentaremos explicar la expresión matemática para una velocidad infinitamente grande.
Ver figura 7 3 .

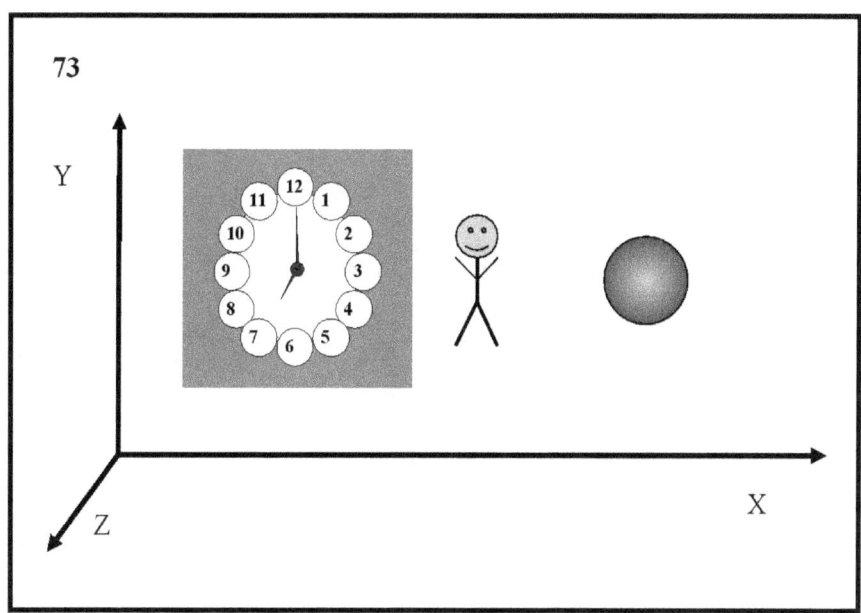

73

En la figura 7 3 se muestra un sistema de coordenadas, un observador, un reloj y una esfera. El observador mira la esfera, que es pequeña. Y justo cuando son las siete, de repente, la esfera se vuelve el doble de grande.
Ver figura 7 4 .

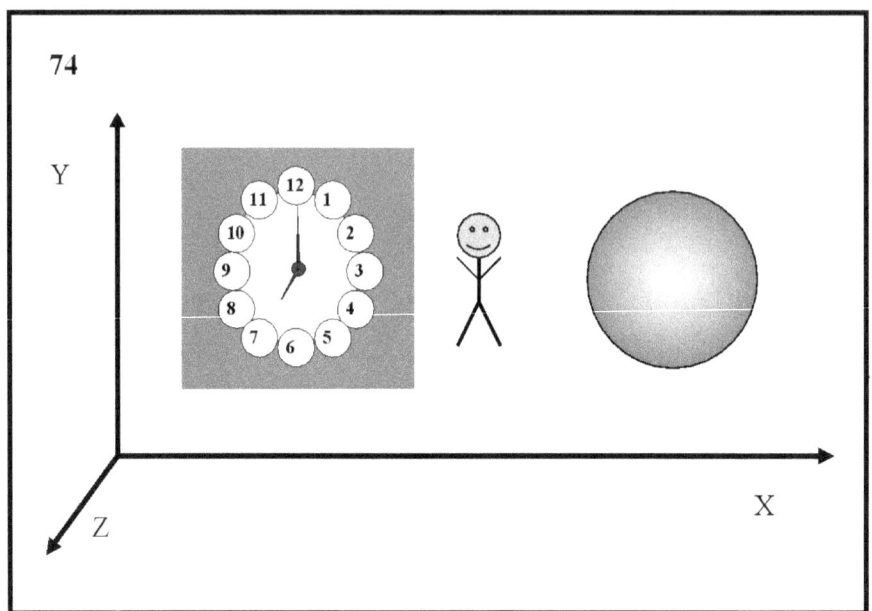

74

En la figura 74 se muestra un sistema de coordenadas, un observador, un reloj y una esfera. El reloj marca las siete en punto, pero la esfera es el doble de grande. Vemos dos figuras en las que las esferas son de diferente tamaño, pero los relojes marcan la misma hora, que son **exactamente** las siete.

Ahora haremos un análisis y trataremos de comprender la esencia del fenómeno de la velocidad infinitamente alta.

Cuando digo que el reloj marca las siete, eso significa que la hora son las siete, los minutos son cero, los segundos son cero, las décimas de segundo son cero, las centésimas de segundo son cero, las milésimas de segundo son cero , y así sucesivamente, hasta (N) de los segundos, que también son cero, donde (N) es igual a infinito.

Esto es lo que parece:

$$7h00'00'',0000....0_N$$

Dónde:

($N = \infty$), y muestra que hay un número infinito de ceros después del punto decimal.

El reloj marca las siete. Las siete en punto es un **momento** en el tiempo. Un momento de tiempo es fundamentalmente diferente de un intervalo de tiempo. La principal diferencia entre un momento de tiempo y un intervalo de tiempo es muy importante y debe entenderse y recordarse.

El intervalo de tiempo siempre es distinto de cero.
El instante de tiempo no es un intervalo de tiempo, y siempre es igual a cero.

Intervalo (Δt), y representa la diferencia entre dos puntos diferentes en el tiempo. Momento de tiempo (t_2), y momento de tiempo (t_1).

$$t_2 - t_1 = \Delta t$$

Dónde:

$$\Delta t \neq 0$$

Siempre es distinto de cero.

Ahora necesitamos entender qué significa la expresión "el reloj marca las siete en punto". Cuando digo que "el reloj marca las siete", quiere decir que las siete es un **momento del tiempo**. En el instante de las siete ($T = 7$), el intervalo de tiempo (Δt), es igual a cero. Esto también se aplica a cualquier otro valor numérico en puntos en el tiempo. Por ejemplo, un momento en el tiempo a las ocho en punto, el intervalo de tiempo es igual a cero. A las ocho en punto diez minutos, el intervalo de tiempo es igual a cero.

Necesitamos construir una expresión matemática para un momento en el tiempo las siete ($T = 7$) donde el intervalo de tiempo (Δt) es igual a cero:

$$\Delta t = t_2 - t_1 = 0$$

Esta igualdad es verdadera solo cuando un instante de tiempo (t_2) es igual a un instante de tiempo (t_1), y (t_1), y (t_2) son ambos iguales a (T)

$$t_2 = t_1 = T$$

Por condición, en un instante de tiempo siete, (t_1) es igual a siete, y (t_2) es también igual a siete.
Y luego:

$$t_2 - t_1 = T - T = 7 - 7 = 0$$

Esto significa que cuando $T = 7$ ha ocurrido un punto en el tiempo de las siete en punto ( ), no habrá otro punto en el tiempo sino siete.

Esto significa que el tiempo de calidad ha desaparecido.
Esto significa que el reloj ha dejado de funcionar.
Esto significa que el Reloj no mide el tiempo.
Esto significa que el tiempo se ha detenido.
Esto significa que el Movimiento se ha detenido.
Significa que Todo está en reposo.
Este es un cuadro congelado de la realidad.
Esta es una imagen de la realidad.
Hay movimiento en el intervalo, no hay movimiento en este momento.

Esta es una diferencia fundamental entre un instante de tiempo y un intervalo de tiempo.
He escrito deliberadamente las líneas anteriores de esta manera. Así es como trato de mostrar lo que significa una diferencia fundamental. Confieso con toda franqueza que no sé exactamente qué palabras se deben usar para entender y tener bastante claro lo que significa un momento en el tiempo.
Si mostramos el instante de tiempo de forma gráfica, a través de un vector de tiempo, se verá así:
Ver figura 75.

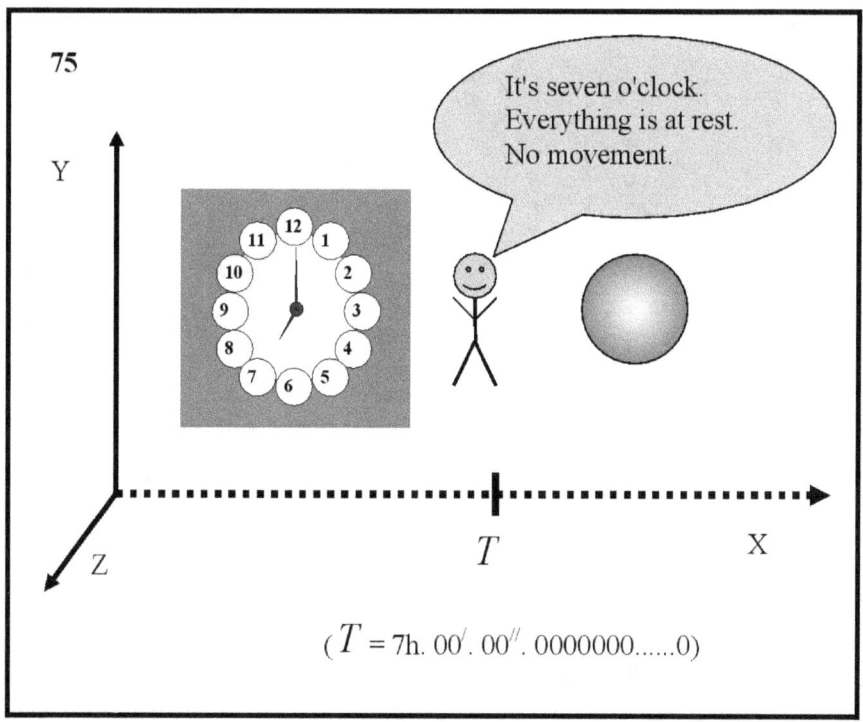

(T = 7h. 00′. 00″. 0000000......0)

En la figura 75 se muestra al observador que ve la realidad a su alrededor como un plano plano, como una fotografía, en un momento de las siete de la mañana.

Cuando digo que el observador ve la esfera y el reloj, eso significa que el observador ve el reloj, ve la esfera, ve el sistema de coordenadas, ve la realidad a su alrededor. Para comprender qué es este cambio instantáneo y cómo tiene lugar, debemos comprender cuál es la relación entre la pequeña esfera, la gran esfera y **todo lo que es una realidad infinita**.

Hemos dicho que antes del cambio instantáneo, el observador ve la pequeña esfera que es una parte de la realidad, y representa una parte entera de la realidad. Todo lo que está fuera de la pequeña esfera, todo lo demás que no es la pequeña esfera, es otra parte de la realidad. La realidad se divide en dos partes que son un todo. Una **parte entera** es la pequeña esfera, la otra **parte entera** es todo lo demás.

Ver figura 76.

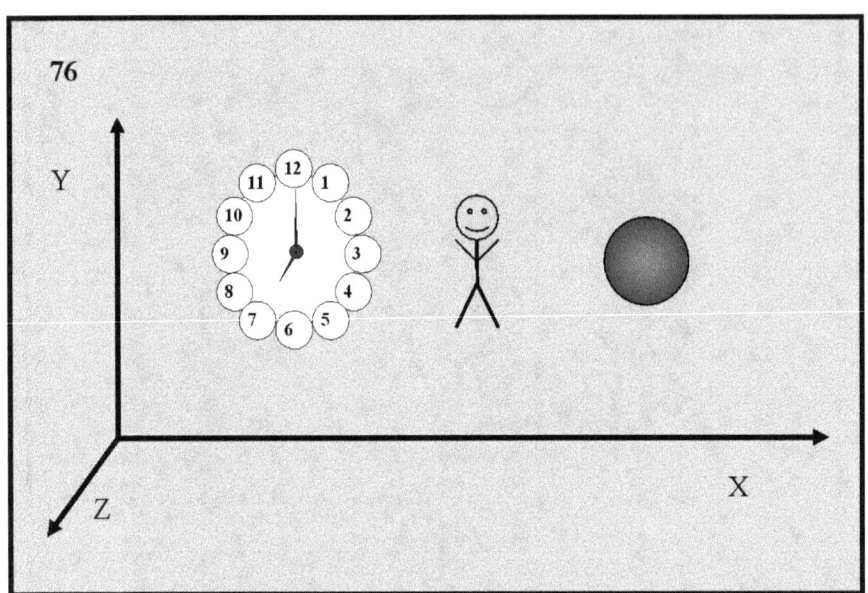

En la figura 76 se muestran las dos partes de la realidad. Una parte entera es la pequeña esfera que es negra, la otra parte entera es todo lo demás que es gris claro. Puedes ver el reloj, que muestra un momento en el tiempo, las siete. Todo está en reposo. Y en ese momento dijimos que la pequeña esfera **cambia de estado.**
La pequeña esfera se vuelve, el doble de grande.
Ver figura 77.

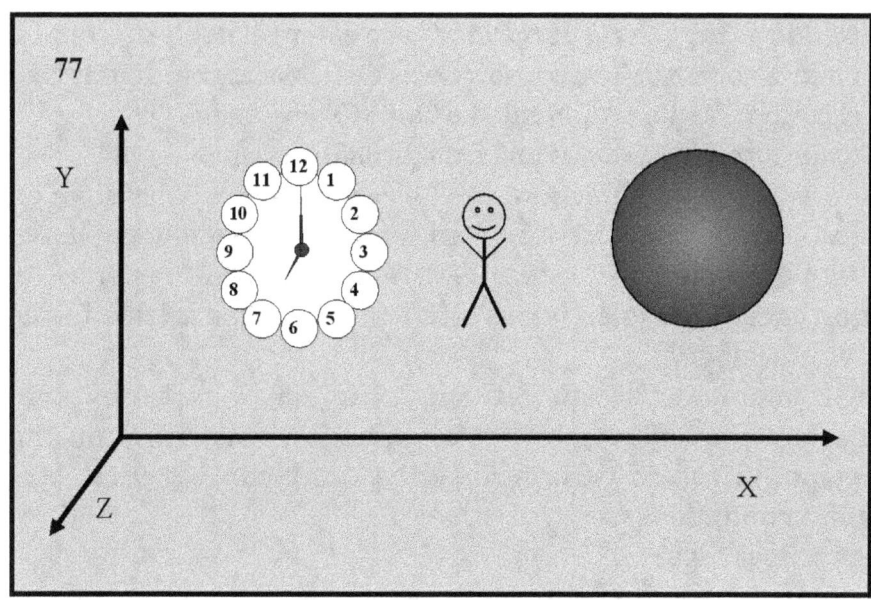

La Figura 77 muestra que la pequeña esfera es el doble de grande. La pequeña esfera está **en un estado diferente** . El nuevo *estado alterado* es tal que el observador ve la esfera el doble de grande.

Ahora bien, el lector pensante, incrédulo, inquisitivo, debe objetar y decir que la pequeña esfera no puede cambiar, no puede crecer, y no puede volverse el doble de grande, pues ya hemos demostrado que en un momento del tiempo siete la parte, todo en reposo. Dijimos que es un cuadro congelado de la realidad, es una imagen de todas las partes de la realidad, y esas partes no pueden cambiar, no pueden crecer, no pueden moverse.

Sí. La objeción es correcta. La esfera no puede moverse, no puede crecer, no puede vagar, no puede duplicar su tamaño, porque el cuadro congelado es una completa quietud de la realidad. Este es un momento del presente, y todo tipo de movimiento está prohibido e imposible.

Pero, ahora ten cuidado. No dije que la esfera cambiara por el movimiento, porque cuando ha duplicado su tamaño, el movimiento está ausente. Vuelve a leer detenidamente lo que escribí arriba:

La pequeña esfera está en un estado diferente. El nuevo estado

alterado es tal que el observador ve la esfera el doble de grande.
Lo que digo suena ilógico, porque es difícil aclarar el significado y el contenido del **fenómeno del cambio de estado**.
El concepto de **Estado** es una categoría filosófica.
La esencia del fenómeno estatal es el descanso. A las siete en punto, la pequeña esfera está en reposo y no **se mueve**. En el punto de las siete en punto en el tiempo, aparece otra esfera. Este es un campo nuevo. La nueva esfera tiene el doble del tamaño de la esfera pequeña.
En el momento de las siete en punto, en el presente, tanto la esfera pequeña como la esfera grande " **existen" al mismo tiempo. El estado** de la realidad ha **cambiado. Apareció** otra **nueva condición**.
Consulte la Figura 78.

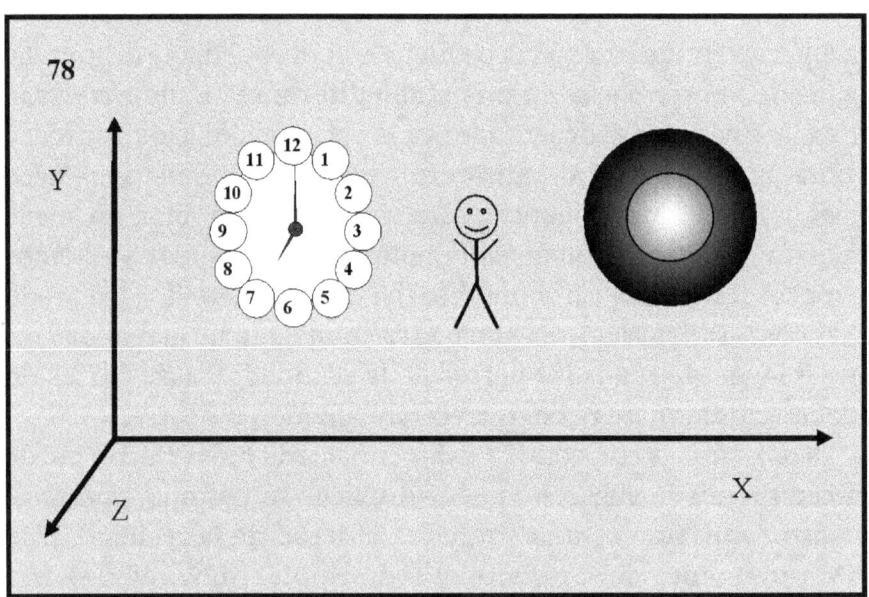

La figura 78 muestra que a las siete en punto el observador ve la realidad, la esfera pequeña y la esfera grande.
A las siete en punto, el observador ve que hay una diferencia entre la esfera grande y la esfera pequeña.
Ver figura 79.

La figura 79 muestra que a las siete en punto el observador ve toda la realidad, la esfera pequeña, la esfera grande, la diferencia entre las dos esferas.

En el momento de las siete en punto en el tiempo, toda la realidad infinita única consta de cuatro partes.

La pequeña esfera es una parte completa de la única realidad infinita.

La gran esfera es una parte entera del todo de la única realidad infinita

La diferencia es una parte entera del todo de la única realidad infinita.

Todo lo demás (lo que no es esfera pequeña, esfera grande y diferencia) es la cuarta parte entera de la única realidad infinita.

Y todo esto sucede en un estado de reposo. El movimiento incremental, el cambio gradual, uniforme y suave está ausente.

Hay **un cambio de estados**. Un **estado** de reposo es reemplazado por otro **estado** de reposo. Las distancias no importan, porque al cambiar de **estado**, las distancias siempre son infinitamente grandes.

Porque un estado de reposo, de toda **la única actualidad infinita**, es sustituido por otro, nuevo estado de reposo, de **toda la única actualidad infinita.**

Y todo lo que he presentado y que estoy tratando de explicar, en la física moderna, se llama movimiento con una velocidad infinitamente grande.

hago la siguiente pregunta:

¿Existe el fenómeno del " **movimiento con velocidad infinita** "?

Mi respuesta es no.

El término " **movimiento con velocidad infinita** " no puede usarse para describir el estado de reposo. Hicimos un análisis y nos dimos cuenta de que cuando los estados cambian, no hay un cambio incremental en la cantidad de espacio, y no hay un cambio incremental en la cantidad de tiempo.

Al principio hicimos una definición del fenómeno de la velocidad.

La velocidad es siempre:

La relación matemática entre el valor numérico de la cantidad de espacio de calidad dividido por el valor numérico de la cantidad de tiempo de calidad.

Según la definición de velocidad, la cantidad del espacio cualitativo, o alguna otra cualidad, siempre es distinta de cero.

Según la definición de velocidad, la cantidad de tiempo de calidad siempre es distinta de cero.

Según la definición de velocidad, la cantidad de tiempo de calidad se obtiene a partir de un intervalo de tiempo.

De acuerdo con la definición de velocidad, el intervalo de tiempo aumenta gradualmente hasta algún valor numérico.

Según la definición de velocidad, el valor numérico de un intervalo de tiempo siempre es distinto de cero.

Según la definición de velocidad, cuando realizamos la operación matemática de división, el resultado es la velocidad.

Veamos qué sucede cuando los estados cambian.

En este caso, la cantidad del espacio cualitativo, o alguna otra cualidad, es diferente de cero, y en este sentido, el estado se parece a la velocidad.

Pero, al cambiar de estado, el intervalo de tiempo siempre es igual a cero, y este es un momento de tiempo, y en este sentido, el estado difiere fundamentalmente de la velocidad.

Cuando el intervalo de tiempo es cero, significa que la cantidad de tiempo es cero. Cuando la cantidad de tiempo es cero, entonces la calidad del tiempo es cero. Esto se sigue de la ley de los cambios cuantitativos y cualitativos. Esto significa que el tiempo de calidad también está ausente. El fenómeno del tiempo está ausente.

Resumamos. Cuando dividimos un número distinto de cero por otro número distinto de cero, obtenemos un cociente que la gente llama velocidad. Lo importante es que ambos números sean distintos de cero. Cuando uno de estos dos números es cero, la velocidad desaparece.

En este momento, nuestro lector incrédulo, pensante, persistente y curioso debe estar diciendo: Hola chicos, ¿por qué tuvimos que explicar estas cosas tan simples de manera tan complicada y con tanto detalle? Digamos que las matemáticas prohíben la división por cero y terminan. Todo queda claro y la conversación termina.

Mi respuesta es esta:

Nada ha terminado. El problema que estamos analizando no es matemático. El problema es filosófico. Lo más importante, el verdadero análisis, está ahora por hacerse.

La expresión " **movimiento con velocidad infinita** " es incorrecta. Lo que la ciencia humana llama " **movimiento con una velocidad infinitamente grande** " **no es velocidad** .

Pero esto no significa que tal fenómeno no exista. Lo que la gente llama " **movimiento a velocidad infinita** " es **un cambio de estados** , y es una propiedad fundamental de la Única Realidad Infinita.

El proceso por el cual se produce el **cambio de estados** es lo que llamo interacción . En búlgaro eslavo, en cirílico, está escrito de la siguiente manera:

ВЗАИМОДЕЙСТВИЕ

Es, una palabra, y es diferente de la palabra *ВЗАИМОДЕЙСТВИЕ*.
Sugiero, en escritura inglesa, usar la palabra *MUTUALISACTION*.
Espero que los especialistas en este campo acepten mi sugerencia y, cuando sea necesario, citen su origen.

La palabra *ВЗАИМОДЕЙСТВИЕ* = *MUTUALISACTION*, es un verbo, y significa acciones paralelas y simultáneas realizadas por cosas **enteras**.

Para entender cuál es la esencia del fenómeno de los estados cambiantes, por *ВЗАИМОДЕЙСТВИЕ* = *MUTUALISACTION*, tendremos que hacer más experimentos y más análisis.

10. MOVIMIENTO CON VELOCIDAD INFINITA. CUÁNTICO.

El breve análisis que se hace del fenómeno de la velocidad infinitamente alta, que es **un cambio de estados**, a través de ВЗАИМНОДЕЙСТВИЕ = *MUTUALISACTION*, crea una oportunidad para esclarecer la esencia del fenómeno cuántico.

El Principio de Incertidumbre de Heisenberg juega un papel importante en la creación de la visión física moderna de la realidad.

El fenómeno de la indeterminación está relacionado con la regularidad matemática básica utilizada en la mecánica cuántica:

($E = h.v$)

Dónde:

E (E) es la energía del cuanto.

(v) es la frecuencia cuántica.

(h) es la constante de Planck.

, que la mecánica cuántica moderna no puede responder simultáneamente.

¿Dónde está el cuanto cuando es?

¿Cuándo es el cuanto, dónde está?

La razón de la falta de respuesta radica en la constante de Planck, que es una cantidad constante y tiene la dimensión de una cantidad mínima de energía. De acuerdo con la mecánica cuántica, y de acuerdo con nuestra hipótesis, la energía de los objetos de la mecánica cuántica cambia a saltos, en porciones, lo que es un cambio paralelo de todo el cuanto, que es **un cambio de estados**, por mutualización _ ВЗАИМНОДЕЙСТВИЕ = *MUTUALISACTION*.

El Principio de Incertidumbre de Heisenberg, surge como resultado de una pregunta formulada incorrectamente. Cuando

la mecánica cuántica se pregunta dónde está el cuanto, espera que esté ubicado en un punto dado de la realidad. Pero un cuanto tiene dimensiones reales, mientras que un punto no. Un cuanto representa una parte de la realidad, y esa parte se llama ubicación en el espacio. Las dimensiones del lugar en el espacio tienen ciertos valores numéricos y. Valor numérico de la dimensión del eje (X), valor numérico de la dimensión del eje (Y), valor numérico de la dimensión del eje (Z). Estas son dimensiones que se llaman largo, alto, ancho. Un punto no tiene dimensiones. En un sistema de coordenadas de tres ejes, un punto tiene valores numéricos de tres coordenadas, pero estas no son dimensiones.
Consulte la Figura 80.

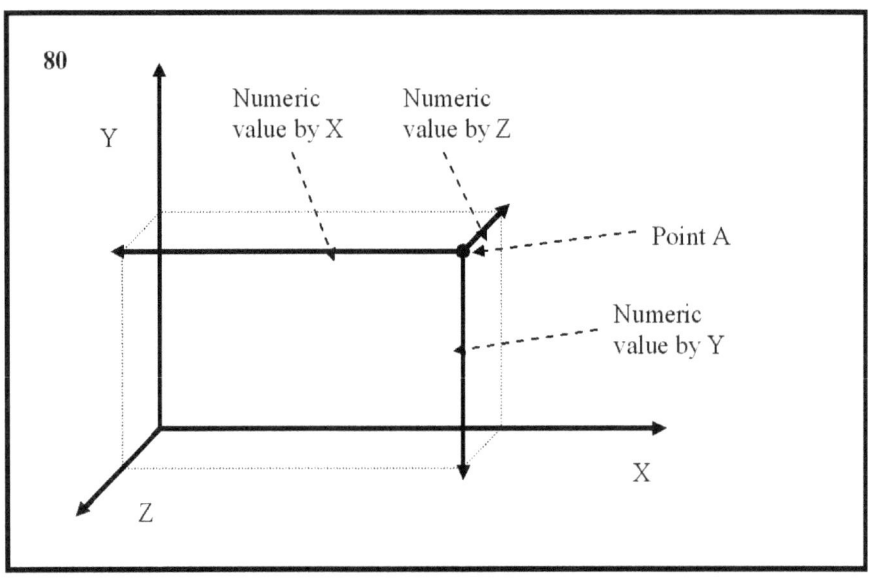

En la figura 80, se muestra un sistema de coordenadas (XYZ) y un punto (A) ubicado en el sistema de coordenadas. La figura muestra que el punto tiene coordenadas, pero no tiene dimensiones geométricas. Las coordenadas son tres (XYZ). El valor numérico de las tres coordenadas indica dónde se encuentra el punto. Debido a que el punto no tiene dimensiones geométricas, el punto tiene una posición definida en la realidad,

pero el lugar que ocupa es igual a cero.
El valor numérico de las coordenadas es algo bastante diferente del valor numérico de las dimensiones. El valor numérico de las coordenadas determina la posición. El valor numérico de las dimensiones determina la **ubicación**.
Consulte la figura 81.

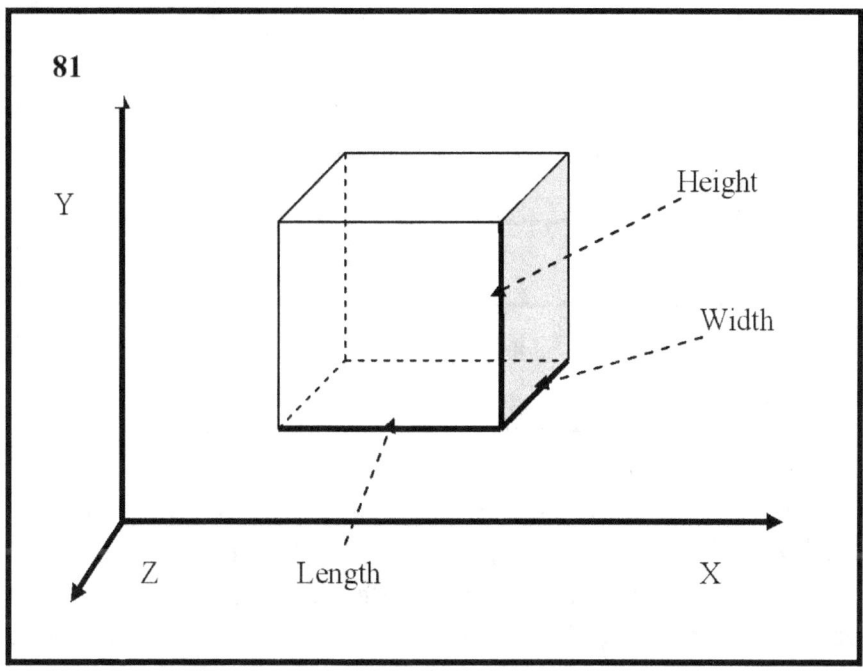

En la figura 81 se muestra una figura geométrica (paralelepípedo). Se muestran la longitud, la altura y el ancho. Son tres líneas rectas. Cada una de estas tres rectas tiene un punto de partida y un punto de llegada. El punto inicial y el punto final definen la línea recta. Hay tres líneas rectas y tienen dos puntos cada una. Estos son un total de seis puntos que definen toda la figura geométrica en el espacio.
Algunos pueden objetar que los puntos son cuatro, porque en uno de los vértices, el largo, el alto y el ancho, los tres puntos coinciden y tienen un punto común. Entonces los puntos importantes son cuatro. Sí lo es, pero este es un caso privado. En el caso más general, las dimensiones se pueden establecer de otra

manera.
Consulte la figura 82.

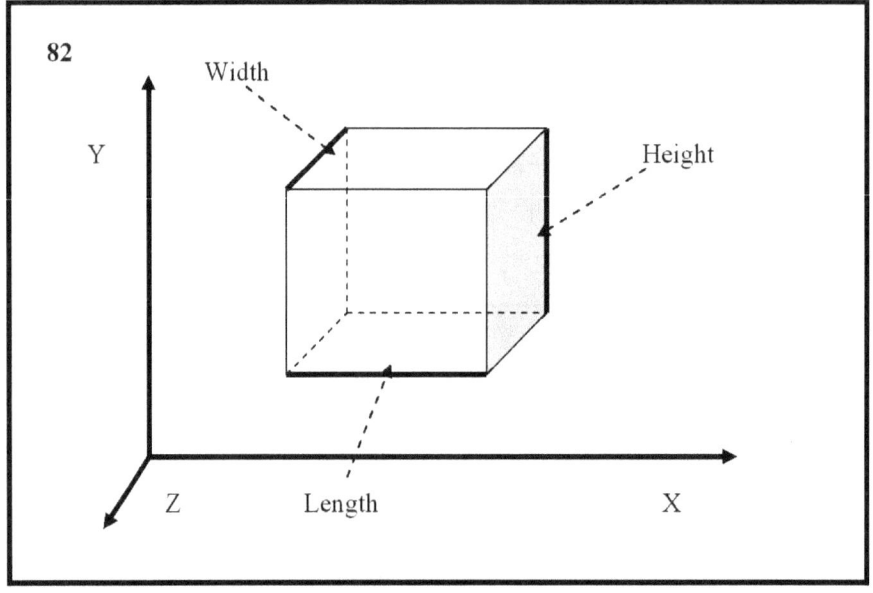

En la Figura 82, se puede ver que las tres dimensiones, largo, alto, ancho, no tienen puntos en común. Hay seis puntos, y cada uno tiene tres coordenadas en el sistema de coordenadas (XYZ). El número total de coordenadas es dieciocho. Seis por tres es dieciocho. Los valores numéricos de estas dieciocho coordenadas son necesarios y suficientes para determinar el lugar que ocupa en la realidad esta figura geométrica.

Cada objeto mecánico cuántico tiene algunas dimensiones reales. En el caso general, estos son dieciocho valores numéricos de coordenadas en la realidad. Estos dieciocho valores numéricos de coordenadas en la realidad son la representación matemática de una ubicación en la realidad. Cuando el objeto mecánico cuántico está ubicado en el presente, estos dieciocho valores numéricos están presentes de manera absolutamente simultánea en el presente y determinan de manera absolutamente simultánea la ubicación en la realidad. De esta manera, el cuanto se vuelve **completo** en el tiempo y **completo** en el espacio. Por lo tanto, el cuanto puede realizar ВЗАИМНОДЕЙСТВИЕ = MUTUALISACTION mutualización, y cambiar **cuánticamente**, en porciones, lo cual es **un cambio de estado**. Así, cada **cuanto**, cambio de **estado**, es un múltiplo del cuanto de Planck h.

El cambio de **estado** del **cuanto** cubre todas las **partes** del cuanto **total**, por lo que el cuanto **total** interactúa con **la** realidad total, como **un todo** con un **todo**.

El cambio de estado tiene lugar en el **presente** y es lógicamente absolutamente simultáneo para **toda**, Una, Infinita, Realidad.

En este sentido, el momento del presente es un intervalo de tiempo igual a cero, y separa el pasado del futuro.

El presente absoluto es relativo, única y exclusivamente, en **general** al pasado, y, única y exclusivamente, en **general** al futuro, y así aparecen los cambios paralelos de la realidad. Y esto, de nuevo, es **un cambio de estados**, a través de mutualización ВЗАИМНОДЕЙСТВИЕ = MUTUALISACTION.

Los mismos cambios paralelos reciben el ser en el uno presente, donde y en el cual es posible relacionarse entre sí, como cosas enteras con otras cosas enteras. Estas son relaciones de algunas **partes enteras** con otras **partes enteras**. Las partes enteras pueden ser **partes enteras diferentes** de un **todo**, o **partes enteras** diferentes de cosas **enteras diferentes**.

El cambio de estados es un proceso que prueba la existencia de una simultaneidad lógicamente absoluta, y en este sentido surge la importantísima cuestión:

¿Cuál es el portador de esta simultaneidad, o dicho de otro modo, cuál es el fenómeno a través del cual esta simultaneidad puede transformarse, reducirse a una cantidad física cuantificable?

La respuesta a estas dos preguntas se reduce a encontrar evidencias físicas, datos empíricos y hechos que demuestren de manera inequívoca la existencia del portador de movimientos paralelos, que en la ciencia moderna se conocen como acción a distancia, en la mecánica newtoniana clásica, o como acción no local. interacción, en la mecánica cuántica, o como movimiento con una velocidad infinitamente alta, en la teoría de la relatividad, que en nuestra hipótesis, es **un cambio de estados, a través de la** mutualización . *ВЗАИМНОДЕЙСТВИЕ = MUTUALISACTION*

Una vez más tenemos que prestar atención al hecho de que la ciencia moderna es incapaz de indicar el portador de un cambio de estados, por *ВЗАИМНОДЕЙСТВИЕ = MUTUALISACTION* mutualisaction, o lo que es lo mismo, especificar algún campo nuevo que haga posible lo no local *ВЗАИМНОДЕЙСТВИЕ = MUTUALISACTION* mutualización , entre las cosas.

En este sentido, y como resultado del análisis, proponemos que se denomine al portador de la acción a distancia, denotado por el término **campo de esfuerzo** . **El campo del esfuerzo** es un tema muy amplio y muy importante que trataremos en otro artículo.

11. MOVIMIENTO CON VELOCIDAD INFINITA Y ALBERT EINSTEIN

Albert Einstein creó la Teoría de la Relatividad y se convirtió en un investigador de fama mundial. Su prominencia se asocia con mayor frecuencia con los efectos del tiempo que están presentes en la Teoría Especial de la Relatividad. Todo el mundo conoce la paradoja de los gemelos, que ocurre cuando dos gemelos se mueven uno respecto del otro. Uno de los dos envejece más rápido que el otro. Este es un dato realmente interesante, deja una fuerte impresión, provoca la curiosidad innata de las personas y, además, es muy fácil de recordar. Estas son condiciones necesarias y suficientes para capturar la mente y el corazón de los lectores. Esta es una de las formas en que una hipótesis, y su autor, pueden volverse rápidamente famosos en todo el mundo. Sinceramente admiro todo esto. La verdad es que los investigadores que pueden hacer estas cosas, de esta forma, se cuentan con los dedos. Mi opinión personal es que las personas involucradas en la ciencia deberían esforzarse por esta forma de presentar su investigación. Los resultados del trabajo científico y las conclusiones extraídas como resultado de los análisis deben ser accesibles a una amplia gama de personas, y especialmente a los niños y niñas que tienen una curiosidad innata muy desarrollada y una curiosidad natural . Por lo tanto, digo una vez más que según este indicador, Einstein es un modelo a seguir.

Todo esto se refiere a la manera y forma a través de la cual Einstein presentaba su actividad científica. Pero además de forma, la actividad científica también tiene contenido. El análisis de contenido debe terminar con conclusiones sobre la contribución científica de una publicación, artículo o hipótesis. En este sentido, Einstein es verdaderamente afortunado. Durante todos los años de su actividad científica, Einstein estuvo en la cima de la fama científica y la fama científica. Hay miles de artículos que se han escrito sobre el trabajo de Einstein y sobre su vida pública y personal. Hay documentales y largometrajes.

Los artículos escritos en relación con el trabajo de Einstein se dividen en dos grupos. Algunos son opositores de Einstein, otros son defensores. Los primeros critican varios elementos de las hipótesis científicas de Einstein y algunos de ellos llegan a negar por completo su obra. Estos últimos admiran todo lo que publicó Einstein y llegan a la conclusión de que Einstein es el físico más grande de todos los tiempos. No estoy de acuerdo con ninguno de los dos.

Cuando se trata de críticas, tengo mucho que decir, y algunas de ellas las escribí en el artículo "¿El error de Einstein?" Librería Amazonas.

Cuando se trata de defender el trabajo de Einstein, creo firmemente que la Teoría de la Relatividad es una de las creaciones más significativas del siglo XX. Y debo decir de inmediato que mi opinión es especial. Es especial porque no comparto la admiración general e incondicional por lo que hizo Einstein. Se trata de la Teoría Especial de la Relatividad.

En la Teoría Especial de la Relatividad, Einstein anunció que "la *velocidad de la luz actuará como una velocidad infinitamente grande* ". Ustedes, queridos lectores, conocen mi actitud sobre este asunto. He dicho varias veces que esto es incorrecto. Eso es un error. Es un error porque ese fenómeno que la gente llama movimiento con una velocidad infinitamente grande desaparece. Es un error porque desaparece el fenómeno que denotamos con el concepto de mutualización *MUTUALISACTION* . Es un error porque de esta forma desaparecen la idea filosófica de conexión universal y el principio filosófico de la unidad de la realidad. Es un error porque entonces, la Única Realidad Infinita, tal como es, y como la humanidad descubre y estudia, desaparece. Cuando todas estas cosas desaparecen, el conocimiento humano y la ciencia humana sufren cambios catastróficos. Todo se pone patas arriba.

¿Y que pasa?
Inmediatamente respondo: esto se llama una revolución científica.
Ahora, nuestro incrédulo lector objetará nuevamente. La objeción es clara. ¿Cómo podría un error conducir a una revolución científica?
Mi respuesta es que las revoluciones científicas, en principio, son provocadas por ideas e hipótesis increíblemente audaces que se encuentran en la frontera entre lo real y lo fantástico.
Pero no olvidemos que además de una revolución, la sustitución de una teoría por otra también puede hacerse de forma paulatina, realizando numerosos experimentos, analizando los resultados de los experimentos y sistematizando las conclusiones. Este es un proceso completamente natural y necesario.
El surgimiento de nuevas teorías en la ciencia humana ha ocurrido en el pasado, está ocurriendo ahora y seguirá ocurriendo en el futuro. Esto es normal, y por eso en la ciencia de la dialéctica hay una ley que define que así debe ser. La ley se llama la negación de la negación.
La ley dice que en todas partes y siempre en la realidad, algunas cosas desaparecen y aparecen otras nuevas para ocupar su lugar. Aparecen nuevas hipótesis y teorías que desplazan a las existentes hasta ese momento. Las nuevas hipótesis se convierten en una nueva verdad relativa. La nueva verdad relativa siempre contiene elementos de la vieja verdad relativa. No hay excepciones. Esto está garantizado por otra ley de la dialéctica llamada Unidad y Lucha de los Opuestos.
He dicho que soy crítico con la Teoría Especial de la Relatividad, pero debo agregar inmediatamente que esta teoría ha jugado un papel decisivo en el desarrollo de la física en los últimos cien años. Además, si la Teoría de la Relatividad no hubiera aparecido y desarrollado, el análisis que hicimos del fenómeno del movimiento a una velocidad infinitamente alta hubiera sido imposible. Sin Albert Einstein, no seríamos capaces de razonar sobre estas cosas de esta manera.

Ahora expresaré mi opinión personal. En la Teoría Especial de la Relatividad, Albert Einstein hizo su mayor descubrimiento. En su primer artículo, Albert Einstein descubrió el fenómeno del **tiempo físico** y dijo que **el tiempo físico** es relativo. Nadie antes que él tuvo el coraje de hacer esto, es decir, decir en voz alta, breve y claramente que el fenómeno del **tiempo físico existe** y es relativo. Ninguno. No solo eso, por ejemplo Lorenz, el hombre que creó la fórmula en la que aparece el tiempo físico, hasta el final de su vida estuvo convencido de que solo era un truco matemático para explicar la constancia de la velocidad de la luz. Se puede decir que Albert Einstein inventó **el tiempo físico** y luego creó la Teoría Especial de la Relatividad. Lo cierto es que cuando Albert Einstein definió el concepto de tiempo físico abrió la caja de Pandora. Mira en Internet cómo es la caja. Y cuando se abre esa caja, ¿ves lo que sucede ahora, un siglo después? Hablamos con bastante libertad sobre el tiempo lógico, sobre el tiempo informativo, sobre el tiempo absoluto, sobre la no temporalidad simultánea, sobre la velocidad del tiempo y demás. No voy a enumerar más porque no es necesario. Note el hecho de que cuando hablamos de estas cosas, nadie se estresa, nadie protesta, y todos aceptan estos razonamientos con bastante naturalidad. Pero éste no siempre fue el caso. Si retrocedemos un siglo, al pasado, y comenzamos a comentar tales hipótesis, lo más probable es que nos metamos en problemas y que nos arrojen al manicomio.

Esto también es un crédito para Albert Einstein. Hablamos entre nosotros y nadie nos mete en un manicomio. Lo que es bueno.

12. MOVIMIENTO CON VELOCIDAD INFINITA Y POINCARÉ

Poincaré es un matemático, físico y filósofo francés de renombre mundial. Sus investigaciones se encuentran en diversos campos de la ciencia y a lo largo de su vida contribuyó a resolver una amplia gama de problemas e interrogantes. Si preguntas en internet descubrirás que es uno de los creadores de la Teoría de la Relatividad. Cuando uno se familiariza lo suficiente con el legado científico dejado por Poincaré, uno queda asombrado por la forma en que realiza los análisis, por la forma en que resume varios hechos y fenómenos, por la forma en que prueba las conclusiones extraídas, y por la forma en que todo esto se representa en Símbolos y fórmulas matemáticas. Poincaré envolvía estas cosas con estricta consistencia, con delicadeza, con aristocracia y con una gracia que bordeaba el arte. Hay personas que son investigadores de la historia de las armas nucleares que están convencidas de que Poincaré es el creador de la Teoría Especial de la Relatividad. No puedo juzgar. Pero puedo decir que a finales del siglo XIX (1898) Poincaré sabía todo sobre la Teoría de la Relatividad. Esto lo ha demostrado en numerosos artículos, discursos en congresos y conferencias que ha dado. Al final presenta la Teoría de la Relatividad en el artículo:

("Sur la dynamique de l'electron", Rendiconti del Clrcolo Matematico dl
Palermo, 1906, v XXI, pág. 129.) (El artículo en el idioma original ha ido a la imprenta
23 de julio de 1905)

Todos los fundamentos de la Teoría de la Relatividad fueron creados por Larmor, Lorentz y Poincaré. Pero luego resulta que Einstein no inventó nada. Esto no es verdad. Lo cierto es que Einstein completó los cimientos de la Teoría de la Relatividad.

Esto lo hace de una manera muy audaz, casi irresponsable. Einstein definió la constancia de la velocidad de la luz como un principio. Einstein no está interesado en por qué esto es así, a diferencia de Poincaré, que quiere entender por qué esto es así y quiere encontrar la razón de la constancia de la velocidad de la luz.

Einstein dice entonces que "la *velocidad de la luz actuará como una velocidad infinitamente grande* ". Poincaré no puede decir tal cosa. Está en contra de sus principios, en contra de su conocimiento y en contra de sus convicciones internas, en contra de su responsabilidad científica profundamente innata.

Einstein definió entonces **el tiempo físico** y extendió su acción a la materia sólida, es decir, a toda la realidad física. Poincaré no puede hacer tal cosa. Esto va en contra de su gran intuición científica y en contra de su fe en los principios de la ciencia humana.

Einstein luego declara que **el tiempo físico es relativo** , y aquí Poincaré está de acuerdo con Einstein, pero aquí mismo, Poincaré agrega inmediatamente, una observación extremadamente importante. Poincaré dice, clara y sucintamente, que es una **convención** .

Ya sabemos lo que es una convención.

El tiempo físico de Einstein es relativo, y aparece como resultado de un contrato hecho entre Einstein y la ciencia de la física. En este contrato está escrito que el movimiento de la luz se utilizará para determinar el tiempo físico. Esta es una convención. En diferentes lugares y en diferentes ocasiones, Poincaré dice que la convencionalidad de determinar el tiempo lleva a la idea de que son posibles otras convenciones, que son otras formas de tiempo relativo. Esto se muestra muy claramente en el artículo:

(«Revue de Metaphysique et de Morale») (1898, t. VI, p. 1 -13) (Traducido del francés, I. S. Zarubinoy.)

Hace muchos años, leí por primera vez este artículo de Poincaré. No entendí nada. Llegué a la conclusión de que esta persona está hablando de manera muy general, sobre algunos problemas creados artificialmente y que todo esto carece de significado. Después de un tiempo tuve que volver al artículo. Pasó el tiempo y luego tuve que volver a leer el mismo artículo. Entonces, tal vez una docena de veces.

Ahora, después de tanto tiempo y tanta lectura, estoy convencido de que este artículo de Poincaré es un análisis preciso de la idea del **fenómeno del tiempo** y sus premisas, del fenómeno de la **simultaneidad** y su **relatividad**, del fenómeno **de la la medida del tiempo**, y los problemas que se plantean, del fenómeno del **tiempo psicológico** y su **esencia** y muchos más problemas similares. Puedo seguir y seguir. Me detengo porque la lista se hará muy larga y es aburrida e innecesaria. No es necesario, porque al final del artículo, Poincaré dijo muy claramente y con mucha precisión lo más importante:

"No podemos determinar directamente, sobre la base de la intuición, ni la simultaneidad ni la igualdad de dos intervalos de tiempo"

Y luego:

"La simultaneidad de dos eventos, o el orden de su ocurrencia, y la igualdad de dos longitudes, deben determinarse de tal manera que la formulación de las leyes naturales sea lo más simple posible. En otras palabras, todas estas definiciones aparecen como plpd de acuerdos inconscientes"

Cualquier acuerdo consciente o inconsciente en la ciencia es una convención. Eso es lo que dice Poincaré.

Mi opinión es que la gente no sabe qué es el tiempo y que cualquier método para medir el tiempo es el resultado de una convención. Hay múltiples criterios de simultaneidad, y estos son múltiples convenciones de simultaneidad. Existen múltiples criterios para la sincronización de relojes, y estos son múltiples convenciones de sincronización de relojes.

Los criterios de simultaneidad son diferentes de los criterios de funcionamiento síncrono del reloj. Pero los criterios de simultaneidad y los criterios de sincronismo de reloj se pueden combinar, y estas son nuevas convenciones.

El número infinito de convenciones diferentes forma el número del número infinito de **tiempos relativos.** El tiempo físico de Einstein está incluido en el conjunto infinito de posibles tiempos relativos. El tiempo físico de Einstein es un caso especial.

Creo que esto no debería sorprendernos. Lo más probable es que en realidad haya algún principio que diga que esto es normal.

13. MOVIMIENTO CON VELOCIDAD INFINITA Y NEWTON.

Todo el mundo sabe que Newton definió tres leyes que son la base de la mecánica y descubrió la ley de la fuerza de atracción gravitatoria que es la base de la astronomía moderna. Según Newton, la atracción gravitatoria entre los cuerpos tiene lugar a una velocidad infinitamente alta. Entonces aparece Albert Einstein y reemplaza una velocidad infinitamente grande con la velocidad de la luz. Así surgió la Teoría de la Relatividad, y después de eso, mucho de lo que dijo Newton fue olvidado. Todo esto se describe con gran detalle en Internet, y no hablaré de eso. Hablaré de la **época de** Newton.

Cuando se trata de Newton, todos saben que Newton afirmó que el **tiempo es absoluto** . Pero no todo el mundo sabe que Newton creó y propuso una definición muy completa, muy precisa, muy clara, muy completa del fenómeno del **tiempo**. Muy deliberadamente, digo estas cosas de esta manera. Porque lo comprobé. Me tomé mi tiempo y traté de encontrar una definición buena y perfecta. No tal. Traté de crear mi propia definición que sería mejor. No lo logré. Mi opinión personal es que desde un punto de vista matemático, y desde un punto de vista físico, la definición de Newton es perfecta. Desde un punto de vista filosófico, se pueden hacer algunas observaciones. Pero como física y como matemáticas, no.

La mayoría de los no especialistas saben lo que dijo Newton sobre el tiempo absoluto. Pero lo que la mayoría de estas personas no saben es que esta es la mitad de la definición de Newton. La otra mitad es una definición de tiempo relativo. La gente no es consciente de este hecho, y no es su culpa. Lo cierto es que la gran mayoría de los libros que comentan la obra de Newton enfatizan que el tiempo de Newton fue absoluto.

Veamos qué dice la wikipedia sobre la época de Newton.

El tiempo absoluto, verdadero y matemático, por sí mismo y por su propia naturaleza fluye igualmente sin tener en cuenta nada externo, y con otro nombre se llama duración: el tiempo relativo, aparente y común, es alguna medida sensible y externa (ya sea precisa o desigual) de duración por medio del movimiento, que se usa comúnmente en lugar del tiempo verdadero...

Esta es una cita de los Principios de Matemáticas de Newton. ¿Te parece que la cita no está completa? Wikipedia no muestra la definición completa. Hay puntos suspensivos al final...
Veamos la definición completa de Newton:

, verdadero y matemático, por sí mismo y por su propia naturaleza fluye igualmente sin tener en cuenta nada externo, y con otro nombre se llama duración: el tiempo relativo, aparente y común, es alguna medida sensible y externa (ya sea precisa o desigual) de duración por medio del movimiento, que se usa comúnmente en lugar del verdadero tiempo, hora, día, mes, año. "

El tiempo absoluto, real y matemático, por sí mismo y por su propia naturaleza, fluye uniformemente, sin tener en cuenta nada externo, y se llama con otro nombre duración:
El tiempo relativo, aparente y general es una medida razonable y externa (ya sea precisa o ineficaz) de la duración por medio del movimiento, generalmente utilizada en lugar del tiempo real, como la hora, el día, el mes y el año.

La definición termina con las palabras hora, día, mes, año.
Alguien puede decir que esto no es tan importante, pero no estaré de acuerdo con él, porque este es el mismo Newton y las dijo porque había que decirlas.
Ahora explicaré por qué esto es importante y por qué es necesario decirlo.
La definición de Newton consta de dos partes. El primero se refiere al tiempo absoluto, el segundo al tiempo relativo. El

tiempo absoluto de Newton es el tiempo **real y matemático**, lo que en lenguaje moderno significa que existe objetivamente, y puede ser denotado por símbolos matemáticos en la mente del hombre. Es objetivo porque está fuera e independiente de la conciencia del hombre, pero en la conciencia del hombre se pueden establecer relaciones con los símbolos matemáticos mediante los cuales se indica el tiempo absoluto. Por lo tanto, el tiempo absoluto de Newton es cognoscible y " **fluye igualmente** ", lo que significa que su velocidad es constante y no se puede cambiar, e inmediatamente después, " **sin respecto ese cualquier cosa externo** " que significa. que no puede referirse a nada. No se puede hacer referencia al tiempo newtoniano absoluto, pero es reflexivo, lo que significa que se puede pensar en él y, además, el tiempo newtoniano absoluto tiene un parámetro de velocidad. Hasta ahora, Newton es perfecto. Ha dicho todo lo que hay que decir sobre el tiempo absoluto. No se puede agregar nada a esta parte de la definición, y no se puede eliminar nada.

Ahora veamos lo que dijo Newton sobre el tiempo relativo.

"…. **tiempo relativo, aparente y común, es alguna medida sensible y externa (ya sea precisa o desigual) de duración por medio del movimiento, que se usa comúnmente en lugar del tiempo verdadero, hora, día, mes, año** ".

El tiempo relativo de Newton es una *medida de duración*, hora, día, año, obtenida por *medio del movimiento*. Newton dice " **por el significa de movimiento** ". Newton no especifica un tipo particular o forma de movimiento a utilizar. Esto significa que se pueden usar todo tipo de movimientos, lo que da como resultado un número infinito de medidas, algunas razonables, otras no, algunas precisas, otras no, algunas eficientes, otras no. Un número infinito de medidas significa un número infinito de tiempos relativos. En esta cantidad infinita de tiempos relativos, está presente el tiempo físico relativo de Einstein.

Einstein cumplió absoluta e incondicionalmente con la

definición de Newton. Einstein define una medida de duración por el movimiento de la luz, que es un medio de movimiento. Luego, en las fórmulas donde están involucrados el camino y el tiempo, y donde el camino y el tiempo determinan la velocidad de la luz, el tiempo y las distancias se pueden cambiar, porque la velocidad de la luz es constante, y la velocidad de la luz es constante está prohibido ser cambiado. De esta forma se obtienen transformaciones de Lorentz en las que el tiempo y el espacio son relativos, son variables y pueden cambiar porque está permitido. ¿Y qué sale? Cuando Newton dio la definición de tiempo relativo, Newton parece haber sabido que aparecería Einstein y el tiempo relativo de la Teoría Especial de la Relatividad. Porque el tiempo relativo de Einstein es un caso especial de la definición de Newton donde los tiempos relativos son una cantidad infinita. Ahora, ¿entiendes quién es Newton?

Cuando Einstein dice que el tiempo físico se ralentiza, quiere decir que el segundo se alarga. Pero según Newton, el segundo es " **una medida de duración, por medio del movimiento".** La segunda es una derivada de hora, día, mes, año, que son medidas de duración, del mismo medio de movimiento. Este medio de movimiento es el período de rotación de la Tierra alrededor del sol, donde el período de rotación es una constante. Entonces, " **un segundo es una medida de duración razonable y externa (ya sea precisa o ineficiente) determinada por el movimiento de la tierra alrededor del sol".**

Cuando Newton dice que la medida es " **algo sensible y externo"** , quiere decir que la segunda es el resultado de la convención, **"ya sea exacta o ineficiente".** Alguien una vez propuso usar la rotación de la Tierra alrededor del Sol para medir el tiempo, la gente estuvo de acuerdo, firmó una convención y apareció el año de la segunda hora. Cuando Einstein usa la palabra segundo, significa que reconoce esta convención. Pero luego, cuando Einstein habla sobre el tiempo físico en la Teoría Especial de la Relatividad, Einstein usa su convención de que el medio de movimiento es el movimiento de la luz, y es necesario que haya otra medida de duración. Pero esto significa que en la Teoría Especial de la Relatividad, es necesario especificar otra **"medida de duración"**, que es diferente del segundo de Newton. Einstein usó la medida del tiempo - el segundo, incorrectamente. De lo que dice Newton sobre el tiempo, se sigue que Einstein no tiene derecho a usar el segundo. Einstein debe usar una medida de tiempo que depende de la velocidad de la luz, y el nombre no puede ser un segundo.

Es por eso que la definición de Newton debe expresarse de manera completa y precisa.

14. CONCLUSIÓN.

En conclusión, trataré de aclarar qué es la conexión universal y cuál es el funcionamiento del principio de unidad de la Realidad Una Infinita. Todo el mundo sabe que la física se divide en varias partes separadas que existen como ciencias independientes. Electrodinámica, mecánica cuántica, mecánica, relatividad y más. No los enumeraré a todos.

La gente sabe que existe la ciencia de la electrodinámica. Pero no todo el mundo sabe que la ciencia de la electrodinámica existe porque existe una regla de la mano derecha (ver la regla de Lenz en Internet). La regla de la mano derecha muestra en qué dirección se mueven las líneas del campo magnético cuando una corriente eléctrica se mueve a lo largo de un cable eléctrico. La regla es muy simple. El conductor se sujeta con la mano derecha de modo que el pulgar apunte en la dirección en la que se mueve la corriente eléctrica, de más a menos. Luego, los dedos curvados indican la dirección en la que las líneas del campo magnético giran alrededor del cable. Toda la ciencia llamada electrodinámica se basa en esta regla simple. Si no hay regla de la mano derecha, no habrá electrodinámica. La regla es elemental y muy fácil de demostrar con experimentos adecuados.

Y aquí mismo, lo fácil y lo elemental desaparecen. Desaparecen porque nadie sabe por qué hay una regla de la mano derecha. Por qué se usa exactamente la mano derecha y por qué las líneas de fuerza electromagnética giran exactamente en esa dirección. La ciencia humana no puede explicar por qué existe tal regla. La existencia de cualquier cosa, sea lo que sea, debe tener alguna razón. Resulta que las personas no pueden identificar la razón y no tienen idea de qué se trata.

Pero, esa es la mitad del problema. La otra mitad del problema tiene que ver con cómo existe esa causa y cómo opera esa causa. Esta causa debe actuar absolutamente simultáneamente. Esto significa que cuando dos investigadores hacen un experimento con la regla de la mano derecha al mismo tiempo, los resultados deben ser los mismos al mismo tiempo. No importa cuál sea la distancia entre los dos. Si uno está en algún lugar del infinito y el otro está aquí, con nosotros, los resultados deberían ser los mismos. No solo eso. Si en el infinito hay algún inteligente pero no humano, su regla de la mano derecha no humana debe ser la misma que nuestra regla de la mano derecha humana. Su electrodinámica no humana debe ser como nuestra electrodinámica humana.

Esto se debe a que la razón de la existencia de la regla de la mano derecha opera lógicamente simultáneamente, y absolutamente simultáneamente, en toda la Realidad Única e Infinita.

Esto se debe a que es una forma de **reciprocidad** , en toda **una realidad infinita** .

Esto se debe a que existe una interrelación entre todos los fenómenos y todos los procesos, en el todo de **una realidad infinita.**

Esto se debe a que existe un principio filosófico de la unidad de toda **una realidad infinita.**

No sé qué más decir para ser más convincente a la hora de explicar la idea filosófica de unidad.

Y ahora mismo quiero decir algo muy importante. Especialmente para los niños y niñas que leen esto. Dudo. Haz preguntas y no seas tímido. Pregúntele a sus hermanos y hermanas mayores, pregúntele a sus padres, pregúntele a sus maestros y profesores, qué piensan sobre estos temas. Cuando preguntas, suele empezar una conversación, un análisis, una discusión, y ahí es cuando nacen ideas únicas y grandes hipótesis. Así ha sido siempre y así será, eso es normal.

Todo el mundo sabe que existe la ciencia de la mecánica cuántica. Pero no todos saben que esta ciencia existe solo y solo porque existe el cuanto de Planck. Mira en Internet.

Si no hay cuanto de Planck, no habrá mecánica cuántica.

Todo es muy simple. Un cuanto de Planck tiene una dimensión de energía, y se mide la cantidad de esa energía. La cantidad de esta energía se calcula con una precisión muy alta y siempre es una constante. Lo característico del cuanto de Planck es que es la porción de energía más pequeña posible. Una pequeña cantidad de energía no existe. Nunca y en ninguna parte. Hasta ahora todo ESTÁ CLARO.

Pero nadie sabe por qué el cuanto de Planck tiene exactamente esa cantidad de energía. La mecánica cuántica no puede mostrar la causa que da origen al cuanto de Planck. La mecánica cuántica no puede explicar por qué la cantidad de energía de un cuanto de Planck es siempre la misma. La mecánica cuántica no puede explicar por qué exactamente esta cantidad es mínima. Y esa es la mitad del problema.

La otra mitad ya la conocemos. Esta causa debe operar absolutamente simultáneamente. Si tenemos un cuanto de Planck aquí y ahora, ahora y en algún lugar en el infinito, debe haber un cuanto de Planck con el que se pueda experimentar. Porque solo hay una razón.

El cuanto de Planck aquí y ahora debe ser exactamente el mismo que el cuanto de Planck ahora y allá en algún lugar del infinito. Porque solo hay una razón.

El valor numérico de la energía del cuanto, aquí y ahora, debe ser exactamente el mismo que el valor numérico de la energía del cuanto, ahora y allá. Porque la causa es una, y actúa simultáneamente.

Ahora les pregunto: ¿por qué está todo arreglado de esta manera?

no me respondas Recuerda lo que dijimos sobre la conexión universal y el principio de unidad de la realidad.

Todo el mundo sabe que existe una Teoría Especial de la Relatividad. Pero no todos se dan cuenta de que la Teoría Especial de la Relatividad existe solo porque la velocidad de la luz es una cantidad constante. Si la velocidad de la luz fuera diferente a una constante, la Relatividad Especial no existiría.

La velocidad media de la luz se ha medido con gran precisión y todos los experimentos muestran que es de trescientos mil kilómetros por segundo. Y este resultado siempre se obtiene.

Este es un hecho probado, y Einstein lo declaró un principio. Después de eso, todo es fácil. Sobre este hecho se construye la Teoría Especial de la Relatividad. Pero aquí mismo hay un problema. Einstein se perdió las dos cosas más importantes.
Primero, por qué la velocidad de la luz es una constante, y segundo, por qué la velocidad de la luz es exactamente el número trescientos mil. Debe haber alguna razón para estos dos hechos. Y aquí y ahora aparece el lector incrédulo y dice:

"Hola chicos, por supuesto que hay una razón, y Einstein lo demostró en la Teoría Especial de la Relatividad. Además, Einstein ha demostrado que hay dos causas, no una. La primera razón es que el tiempo se ralentiza, la segunda razón es que las distancias se acortan y entonces la velocidad de la luz es constante. Y estas dos razones están representadas matemáticamente en la fórmula de Lorentz. Einstein usó la fórmula de Lorentz e hizo todos estos cálculos y obtuvo resultados que eran completamente verdaderos y correctos. Estas son las razones.

Una buena objeción, y expresada de esta manera, es verdadera sólo en sí misma. Pero este hecho está al revés, este hecho está al revés. Lo cierto es que la fórmula de Lorentz se inventó para explicar la velocidad constante de la luz. La verdad es que la velocidad constante de la luz es lo que hizo que Lorentz ideara la fórmula. La fórmula matemática solo describe, representa, el hecho de que la velocidad de la luz es constante. Lo pondré de esta manera. Si quitamos la fórmula, la velocidad de la luz permanecerá constante, pero si desaparece la velocidad constante de la luz, la fórmula también desaparece. La velocidad es la causa, la fórmula es el efecto.

Einstein no tenía idea de por qué la velocidad de la luz era una constante constante. Einstein no sabe por qué esta constante tiene un valor de trescientos mil kilómetros por segundo. Ninguna persona viva en el planeta tierra sabe por qué esto es así. Pero ese es el pequeño problema.

El gran problema viene ahora. Ya sabes de qué se trata.

Einstein declaró la constancia de la velocidad de la luz como principio. Ya sabemos cómo funcionan los principios. Nadie, nunca, en ningún lugar, puede escapar a la operación del Principio. Estoy seguro de que Einstein también lo sabía. Esto significa que la velocidad de la luz aquí y ahora es una constante, y que, de vez en cuando, en algún lugar del infinito, la velocidad de la luz es la misma constante. Esto significa que el número trescientos mil, aquí y ahora, es igual al número trescientos mil, ahora y allá, en el infinito.

No mostraré por qué esto es así. Tú mismo puedes explicarlo, porque ya conoces la reciprocidad, la conexión universal, el principio de unidad.

Este conocimiento se puede utilizar para señalar otras áreas de las ciencias humanas en las que es necesario explicar fenómenos y hechos similares. Utilizamos la electrodinámica, la mecánica cuántica y la relatividad especial. Se pueden citar ejemplos similares en otros campos del conocimiento humano, por ejemplo, relatividad general, mecánica, astronomía, termodinámica. En el fundamento de cada una de estas ciencias independientes se coloca un solo hecho, y sobre este hecho se construye toda la ciencia.

Tales hechos y fenómenos delinean los límites de la ciencia y los límites del conocimiento humano. Curiosamente, estos límites son dos. El primero, en sentido figurado, puede llamarse el frente del conocimiento humano. Existen equipos de trabajo formados por muchos investigadores y científicos diferentes, especialistas en algún campo específico. En este frente, se invierten muchos fondos y se gasta dinero en electrodomésticos, maquinaria, herramientas y equipos caros y ultra caros. Este es el frente de las altas tecnologías, donde cada descubrimiento se aplica rápidamente en la práctica y en la vida de las personas. Un ejemplo típico de esto es la tecnología de la información. Todos somos testigos de esto y vemos qué milagros se están haciendo en esta área. Y en la raíz de todo esto hay un simple hecho. Regla de la mano derecha. Si no existiera la regla de la mano derecha, no existiría la tecnología de la información. Esta regla es el otro límite del conocimiento humano. Nadie sabe qué hay más allá de esa frontera. Pero en esta frontera siempre se encuentran leyes filosóficas fundamentales, conceptos fundamentales, categorías y principios fundamentales. Relativamente pocos especialistas trabajan en esta frontera y no se gasta mucho dinero. Esto se debe a que allí se hacen descubrimientos desde hace decenas de años y siglos. Pero a veces, relativamente raramente, uno llega a ver qué hay al otro lado de este límite fundamental. En tal caso, los cimientos de la ciencia se desmoronan y deben reconstruirse. Entonces se producen grandes cambios en el conocimiento humano y esto se llama revolución científica.

Y luego todo se repite de manera similar. En el nuevo fundamento del conocimiento hay un solo hecho, detrás del cual se encuentra el abismo sin fin de lo desconocido.

El hombre está tan dispuesto que cada vez que hay un abismo en alguna parte, y hay algo fantástico y algo desconocido, en ese momento, siempre hay quienes quieren ir allí, para ver exactamente ese desconocido.

Esta incógnita suele ser un solo hecho. Estos hechos únicos están presentes en todas las ciencias y nos rodean por todas partes, pero casi siempre son difíciles de notar. Muy a menudo están frente a nuestros ojos, pero sin embargo no son visibles. Entonces los llamo artefactos de la ciencia, porque además de ser invisibles, tienen un poder enorme, y tienen una carga heurística poderosa. Estos son los motores de la ciencia y el progreso humano.

No mencionaré estos hechos ahora y aquí. Te sugiero que los descubras por tu cuenta. Y no lo olvides. Preguntar. Pregunta sin dudarlo. Esto es normal y estoy seguro de que le resultará interesante.

www.ingramcontent.com/pod-product-compliance
Lightning Source LLC
Chambersburg PA
CBHW052356220526
45465CB00003BB/1129